JN205752

未来を生きるすべての人の

教養の生態学

日本生態学会

畑田 彩
佐賀達矢 編集
丑丸敦史
中田兼介

東京化学同人

まえがき

　みなさんは「せいたいがく」と聞いて，どんな漢字を思い浮かべますか？ 生体学？ 整体学？ それとも声帯学でしょうか？ この本で扱う「せいたいがく」の漢字は「生態学」です．「生態学」とは，生態系とそこで暮らす生き物にかかわる研究分野です．

　生態系は生命力あふれる熱帯雨林や，草原が広がり草食動物や肉食動物が生活しているサバンナだけでなく，私たちの身近なところにも存在しています．窓から見える緑の山，子どもたちが遊ぶ公園，水生生物を飼育している水槽の中にも生態系があります．私たちの体の中にも無数の腸内細菌から成る生態系があるのです．

　生態系は私たちにとって身近なだけでなく，人の社会を成り立たせるうえでも大事です．多様な生き物から成る生態系は，産業で使われるモノの採取地，人間活動で排出される二酸化炭素の吸収源，水の循環など，さまざまな役割を担っています．そのため，近年は都市計画やまちづくりに緑地を取入れたり，災害に強い環境をつくったりする際に，自然の力，生態系の力を活かす方法が注目されています．企業が社会的責任を果たすうえでも，生態系への配慮は欠かせません．さらに，町内活動，PTA 活動など日々の暮らしの中でも，生態学の知識や考え方を活かせる場面が増えつつあります．

　また，環境問題が世界的な問題となり，環境問題と関わりの深い生態学に興味をもつようになった人もいるでしょう．私が勤務している京都外国語大学でも，環境問題や生態学に関する科目の受講生は優に 300 人を超え，生態学を専門として学んでいる人以外にも，生態学に興味をもつ人が多いことを実感しています．

　「未来を生きるすべての人の教養の生態学」は，このような生態学の近くで仕事をされている方々や生態学が専門でなくても興味をもっている方々など，今まで生態学を深く学ぶ機会がなかった人たちを意識して書かれた本です．もちろん，これから生態学を専門的に学んでいこうとしている学部生への最初の入門書でもあります．本書は数式や難解な専門用語を避け，できる限り平易な言葉で書き記しました．序章では，まず生態学とは何か，生態学の階層性について説明しています．続く第 1 章から第 5 章までは，生物多様性，生物の進化，

生物間相互作用（生物どうしのかかわり），物質循環，景観など，生態学を知るうえで必要な知識や考え方を載せています．第6章は生態系と人の関わりや生き物が急速に失われている現状について，第7章は生態学と他分野をかけ合わせることで見えてくる未来について書いています．この本を読むことで，ふだん何気なく見ている自分の身の回りの環境が，少し違って見えるようになってくれたら，そして，生態学のファンになってくれたら，こんなにうれしいことはありません．

　本書の構想については，生態学教育専門委員のみなさんからのご提案，ご意見を参考にさせていただきました．各章を執筆してくださった著者のみなさんには，度重なる改稿に取組んでいだたきました．東京化学同人の井野未央子さんには，原稿のとりまとめから，よりわかりやすい表現への原稿の推敲まで，膨大な時間と労力を割いていただきました．仕事の遅い，力不足の編集委員長でしたが，みなさんのお力で本書を完成させることができました．この場を借りて，心から感謝いたします．

　2025年2月

"未来を生きるすべての人の教養の生態学"編集委員会

委員長　畑　田　　彩

目　　次

生態学とはどんな学問だろう

　この地球は生き物に満ちあふれた世界です．その証拠に，これまで213万種近い生物が見つかっていますが，実際にはその何倍もの種が生息していると推定されています．みなさんの日常生活からは，それほど多くの生物がいることを想像できないかもしれません．でも，広大なサバンナに棲む動物たち，サンゴ礁に棲む色とりどりの魚たち，日本の里山に人と共存して暮らしている昆虫や動物たちの姿を動画などで見たことがあるのではないでしょうか．スーパーマーケットの食品売り場のような身近な世界でも，実に多種多様な野菜，果物，魚介類を目にすることができます．それらは生物種のほんの一部にすぎませんが，私たちの生活が多様な生物に支えられていることに気づかせてくれます．さらに，目に見えない世界にも，実に多様な生き物がいます．土の中は細菌や菌類などの宝庫ですし，私たちの体内にも数多くの微生物が棲んでいます．腸内細菌のバランスが崩れると，おなかを壊したり，アレルギー症状が起こったりすることもわかっています．

　これらすべての生物は，共通の祖先から数十億年という気の遠くなるような時間をかけて現在の多様な種に進化してきました．そして生物たちは互いに深く関わりあいながら生活しています．生物どうしの“食う−食われる”の関係は食物連鎖として有名ですが，はかにもいろいろな関係が知られています．たとえば，ミツバチが花粉を運んで果樹の実りをもたらしていることや，庭にいつの間にか鳥が運んできた種から若木が芽生えていることなどは，食う−食われるの関係とは別の“相利共生”という関わりです．さらに，生き物どうしの関わりは，配偶相手をめぐる駆け引き，エサの奪い合いなどのように，同じ種のなかでもごくふつうにみられます．このような自然界での生物どうしの関わり，そして水や光，養分など非生物的な環境との関わりを明らかにし，生物の多様性がいかにして維持されているかを明らかにするのが，**生態学**という学問です．

生態学は英語で ecology といいます. カタカナでエコロジーと書くと, 自然にやさしい暮らし方や, 環境を大事にする社会を目指す考え方を思い浮かべる人がいるかもしれませんが, 実際にはれっきとした生物学の一分野です. また, 生態学では, 環境が生物にもたらす影響だけでなく, 生物から環境への働きかけにも注目しています. これは**環境形成作用**とよばれ, 他の生物学の分野ではあまり注目されない内容でもあります. たとえば, 微生物やミミズなどの土壌生物は落葉落枝を分解し, 生態系の基盤となる養分に富んだ土壌を形成しています. 生態学は生物と環境の双方向の関係を扱う独自な分野といえるでしょう.

0・1　生態学の階層性

生物学は, ミクロからマクロまで非常に幅広いスケールの生物現象を扱います. たとえば, 遺伝子やタンパク質を構成する分子レベルからの研究から, 地球規模で起こっている生物種の減少を扱うマクロなレベルの研究まで含みます. 生態学では古くから"個体群−群集−生態系"というレベルが認識されてきました. このように異なるレベルがあることを**階層性**とよびます. 個体群は個体の集合体であり, 群集は個体群の集合体, そして生態系は群集に非生物的環境を組合わせた集合体ととらえることができます. 最近では, 生態系の上位の階層として"景観"を加えることも多くなっています.

次に, "個体群−群集−生態系−景観"の四つの階層の生態学について, もう少し詳細にみていきましょう.

0・1・1　個体群生態学

個体群生態学とは, 同じ種の生物どうしの関わり, およびそれを取巻く環境との関係から, 生物個体のふるまいや, 個体数がどのようにして決まるかを明らかにする分野です. 個体群生態学では, 伝統的に個体数の変動に注目してきました. 言うなれば"生物の人口論"です. 個体群生態学は, もともと農林水産業の課題に向き合う学問として出発しました. 農作物の害虫はなぜときどき大発生するのか, サンマやイワシなどの有用魚の漁獲高はなぜ激しく変動するのかなどの問いに答えるためには, それら生物の増減パターンを分析することが必要だったからです. 近年では希少種の絶滅リスクの評価や, 外来種や増え

すぎた哺乳類の効果的な防除法の探索などにも個体群生態学は用いられています．ここで重要となるのは，生物は無限に増殖できるわけではなく，食物や棲み場所が限られているために，ある環境で生息できる数は有限である点です．また環境そのものも時間とともに変化します．個体数を制限する要因や，個体数を変動させる要因を探ることが個体群生態学の中心課題となっています．

0・1・2 群集生態学

群集生態学は，生物どうしのさまざまな関係性から，生物の種数や個体数が決まるしくみを明らかにする分野です．個体群生態学と似たところもありますが，複数の生物種の関わりに注目している点が異なります．群集の最も単純な形態は，2種の個体群から成るもので，なかでも"食う−食われる"の関係がよく知られています．ほかにも，限られたエサや居住空間をめぐる"競争"や，互いにプラスの影響を与えあう"相利共生"などがあります．関係しあう個体群が2種の場合は，被食者（エサとなる生物個体）をたくさん食べれば被食者の数が減り，被食者の数が減れば捕食者の数もやがて減る，そして再びエサの数が回復する，というパターンを繰返すことは，容易に想像できるでしょう．でも，自然界では多くの場合，3種以上の生物が関係しあっています．たとえば，捕食者であるクモは植食者であるヨコバイを捕らえて食べますが，トカゲはクモもヨコバイも食べます（図1）．この場合，食う−食われるの関係は直

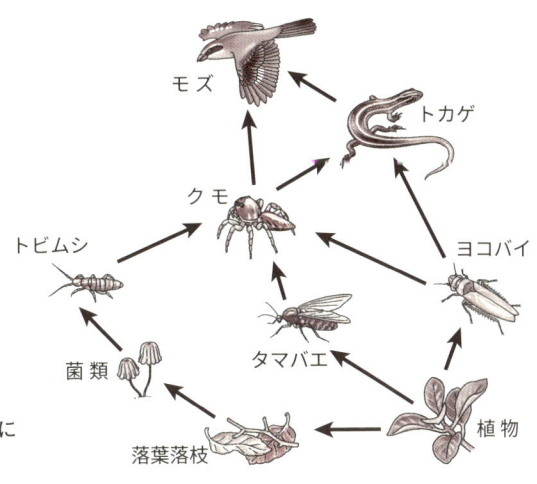

図1 陸上生態系で普遍的に
　　　みられる食物網

線的な食物連鎖ではなく，三角形になります．このような構造が何個もつなが
れば，"食物連鎖"ではなく"食物網"になります．食物網に属する個体群ど
うしの関係は，それぞれの個体数とその変化を詳しく調査することで初めて明
らかになります．

　また群集生態学では，個体数だけでなく，種数にも着目します．なぜ多様な
種が自然界で存在できるのかという問いは，ある場所に生息できる種数は何に
よって制限されるのか，という問いと表裏一体です．この答えを得るのは容易
ではありませんが，種数は環境条件やさまざまな種間関係によって決まると考
えられています．

　種数に影響を与える環境条件の変化として代表的なものに撹乱^{かくらん}があります．
撹乱には台風や洪水，火山の噴火，津波，山火事など自然の力によるものもあ
りますが，近年は人為的な撹乱の影響も無視できません．撹乱は，生物の個体
数や種数を減らすこともありますが，逆に増やすこともあります．日本の草原
を例にみてみましょう．

　草原では，草刈りや家畜の放牧による撹乱が強すぎると，シバなどの撹乱に
強い背丈の低い種のみが優占する群集になり，逆に撹乱がなくなると競争力の
高いススキや，セイタカアワダチソウなど外来草本が優占し，いずれの場合も
種数は減ります．古来，秋の七草として親しまれてきたオミナエシ，キキョウ，
カワラナデシコなどが里山で激減したのは，草刈りによる適度な撹乱が減った
からです．これは，撹乱が生物群集にとってプラスの働きをしていたともいえ
ます．

　さらに，長い時間スケールでみると，撹乱には草原を森林へ遷移するのを防
ぐ働きもあります．日本は温暖で降水量も多いため，撹乱がないと基本的に照
葉樹林や落葉広葉樹林に遷移するからです．

0・1・3　生態系生態学

　生態系レベルの研究は，個体群や群集レベルの研究と目的が少し変わりま
す．個体群生態学や群集生態学が生物の個体数や生物どうしの関係性を中心と
しているのに対し，**生態系生態学**は，生態系の中での物質循環やエネルギー流
を明らかにすることを目的としているからです．これは一見，生物学ではない
ように映るかもしれませんが，そうではありません．物質やエネルギーの流れ

から生物群集や生態系をとらえ直すことで，生物を取巻く自然界のさまざまなパターンを説明できるからです．たとえば，なぜ食物網の栄養段階が上位になるほど生物量が減るのか，なぜ熱帯林に比べて植物の現存量が少ないサバンナに膨大な数の草食動物が生息できるのかなどの問いは，物質やエネルギーの流れに着目することで答えることができます．また物質循環は，人間が排出した窒素やリンがもたらす湖の富栄養化や，森林伐採により二酸化炭素の吸収能力が低下することで進行する地球温暖化など，さまざまな環境問題と深く関わっています．地球規模で起こっている炭素や窒素，リン，水などの循環を研究する分野は，生物学と化学あるいは工学を橋渡しする役割を担っているのです．

0・1・4　景観生態学

"景観"は複数の異なる生態系の組合わせをさす用語です．**景観生態学**とは，森林と河川，農地と森林，市街地と農地など，複数の生態系間での生物や物質の移動が果たす役割を扱う分野です．

典型的な景観として，日本の里山（さとやま）があげられます．"里山"という用語は，もともと農地に肥料を提供する農用林と，薪（まき）や炭などの燃料を供給する薪炭林の総称として使われてきました．最近は，雑木林，農地，草地，ため池など，人間活動で維持されてきた自然の集合体を里山とよんでいます．日本は地形などの制限から，小スケールでモザイク状の土地利用が形成され，そこに多種多様な生物が生息してきました．里山の生態学的研究の多くは，人間による土地利用の様式とその広がりが，生物の個体群や群集にどのような影響を与えるかという課題を扱っています．景観生態学はおのずと人間社会との関係性を重視した分野となっています．

0・2　生物多様性と生態学

2022 年に総務省が行った調査によれば，国民の約 7 割が生物多様性という用語を聞いたことがあり，約 3 割がその意味を知っています．生物多様性は，いまや気候変動とともに環境問題の重要なキーワードとして定着しつつあるといえるでしょう．

生物多様性（biodiversity）という用語は，1980 年代後半にウィルソン（E.O.

Wilson）らにより提唱され，1992年の地球サミットで批准された『生物多様性条約』によって国際舞台に登場しました．生物多様性条約では，生物多様性の保全，持続的利用，資源から得られる利益の公正配分の三つの柱を掲げています．人間社会は生物多様性からの恩恵なくしては成り立ちません．そのため，生物多様性は単なる保全すべき対象ではなく，枯渇しないよう賢く利用することも必要となってきます．さらに，生物多様性を利用することによって得られる利益は，生物多様性が高い生態系を有する国（多くは発展途上国）と生物多様性を主として利用してきた国（多くは先進国）との間で公正に分かち合うことが必要です．

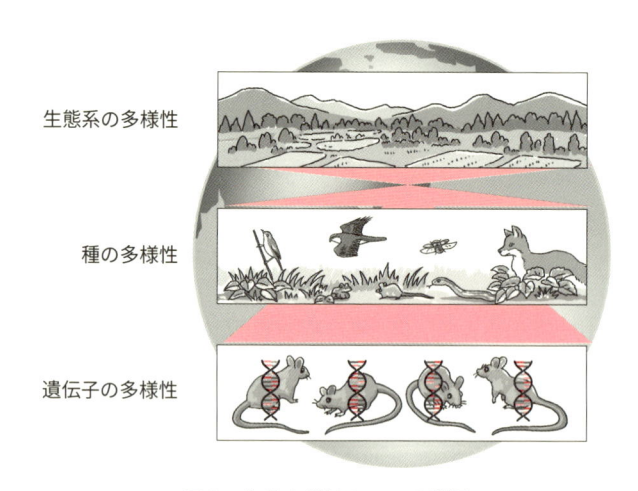

図2　生物多様性の三つの階層

　生物多様性は，遺伝子の多様性，種の多様性，生態系の多様性の三つの階層からなっています（図2）．この三つの階層は，およそ生態学の階層に対応しています．つまり，遺伝子の多様性は個体群生態学，種の多様性は個体群生態学と群集生態学，そして生態系の多様性は生態系生態学や景観生態学と対応します．その意味から，生態学の枠組みが生物多様性の理解にそのまま適用できます．一方で，生物多様性は**生態系サービス**（人間が自然から受けるさまざまな恵み）とセットで語られることが多くなっています．人間社会にとっての生物多様性の利益は非常に多岐にわたります．水や空気など人間の生命維持に必

要なものに加え，さまざまな食材，たとえばリンゴ，イチゴ，カボチャ，ソバなどの作物生産は，ハナバチやハナアブなど多様な昆虫の花粉媒介（送粉）によって支えられています．さらに，文化芸術や精神衛生など非物質的なものに対しても生物多様性が関わっています．生物多様性の学術的な基盤は生態学にありますが，生態学の社会的な認知度や価値を高めるための広告塔として生物多様性は機能しているといえるでしょう．

0・3　社会変革に向けた生態学の目標

　2015 年の国連サミットで採択された『持続可能な発展目標（**SDGs**: Sustainable Development Goals)』*は，いまや子どもたちが学校で習う社会常識となりつつあります．17 の目標（ゴール）と 169 のターゲットには，生態系や生物多様性に関わるものも多く，生物多様性条約の目標とも親和性が高いといえます．たとえば，SDGs と生物多様性条約の目標に共通するキーワードは“持続性”です．裏を返せば，従来の社会が短期的利益や利便性を追求し，いかに持続性を軽視していたかがうかがえます．

　“持続可能な発展（sustainable development）”の概念は，生態経済学者のハーマン・デイリー（H.E. Daly）が提唱した 3 原則にも反映されています．

1) 再生可能な資源の消費速度は，その再生速度を上回ってはならない
2) 再生不可能資源の消費速度は，それに代わりうる持続可能な再生可能資源が開発されるペースを上回ってはならない
3) 汚染の排出量は，環境の吸収量を上回ってはならない

根底には，自然資源をきちんと確保したうえで，テクノロジーをもとにした人工資本を適切に構築すべきという考えがあります．

---

　*　SDGs は，多くの場合“持続可能な開発目標”と訳されてきました．一方，デイリーの3 原則など，sustainable development が単独で用いられる場合は，一般に“持続可能な発展”と訳されています．SDGs で development を“開発”としたのは，1960 年代前半にできた OECD（経済協力開発機構）の訳語が起源のようです．当時の経済成長を目標とした用語がそのまま受け継がれてきたのです．しかし“開発”には土地改変など環境に対する負のイメージも強く，SDGs の精神からすると質的な向上を目指す“発展”のほうが適当です．本書では“持続可能な発展目標”に統一しました．

　この3原則は，ロックストローム（J. Rockström）が提唱した SDGs のウェディングケーキモデル（図3）の原型といえます．ロックストロームは，SDGs の 17 の目標は単なる羅列ではなく，経済・社会・生物圏の3階層に分類し，階層的に成り立つ構造としてとらえるべきだと主張しました．つまり，経済は社会がなければ成り立たず，社会は生物圏がなければ成り立たないというものです．ここでの生物圏には，海，陸という生物を育む場に加え，その背景にある水と気候も含まれています．これらは，まさに生態学の研究対象です．

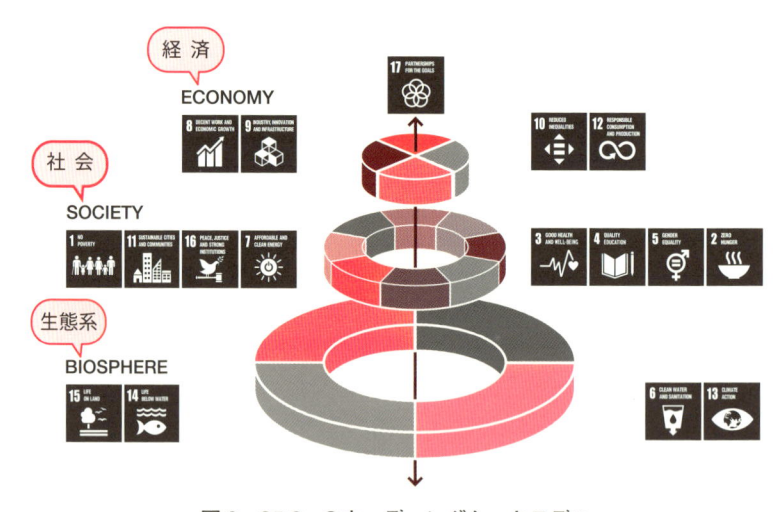

図3　SDGs のウェディングケーキモデル

　ただし，個々の目標はしばしばトレードオフ（あちらを立てればこちらが立たず）の関係にあるため，一つの目標だけに力を入れるのは危険です．たとえば飢餓の解消は，貧困の撲滅や平等も実現できるかもしれませんが，食料を増産するために森林から農地へ大規模に土地利用を転換したり，化学肥料や農薬を大量使用したりすることにより，生物圏に対して大きな負の影響をもたらします．また近年，地球温暖化など気候変動の抑制と生物多様性の保全には数多くのトレードオフがみられます．太陽光，風力，バイオマスなどの再生可能エネルギーの増産は気候変動対策の目玉ですが，そのための大規模な土地改変や構造物の設置は，生態系や生物多様性に大きなインパクトを与え始めていま

す．ある環境問題の解決は，別の環境問題をひき起こすという，新たなトレードオフが発生しているのです．生物の生息適地や生活史，行動など，さまざまな生態学的知見は，このような環境問題間のトレードオフの解消の一助となるでしょう．

SDGs は，2030 年に向けての社会のあるべき姿を提案しています．また，生物多様性条約が目指す 2050 年目標では，自然と共生する社会の実現を目指しています．いずれも従来の価値観の転換をもとにした社会変革を必要としています．生態学はその道筋を示すことができる重要な学問分野となっています．

 ## 0・4　本書の構成

本書は，導入部（第 1，2 章），生態学の核心部（第 3～5 章），人間社会と生態系の関わり（第 6，7 章），の 3 部構成からなっています．

まず第 1 章では，序章で紹介した生物多様性や生態系サービスについてのより詳しい説明があります．続く第 2 章では，今みられる生物多様性を生み出した進化，適応などの仕組みについて述べています．第 3 章では，個体群生態学に焦点をあて，個体どうしの関係性や個体群の動態，絶滅などについて学びます．第 4 章は群集生態学を扱い，食う-食われるの関係，競争，共生などの種間関係や，食物網，種の多様性を決定する要因などについて概説しています．第 5 章では，物質循環やエネルギー流，バイオームなど，生態系生態学や巨視的な地球環境を概観しています．第 6 章では，人と自然との関わりの歴史を振り返るとともに，人との関わりが特に深い農地や都市の生態系の特徴について論じています．また，生物多様性の減少要因や保全に向けた取組みを紹介しています．そして最後に第 7 章で，私たちの生活や社会と生態学がいかに深く絡み合っているかを取上げ，持続可能な社会の構築に向けた展望を述べています．

本書の執筆者には，生態学を専門教育として扱っている学部の教員もいれば，教養科目として扱っている学部の教員や社会教育を担う博物館の学芸員もいます．“生態学”をなるべく平易に書くことに注力しました．この本から生態学の“面白さ”を感じていただけたら，さらに社会課題を解決するうえでの生態学の役割を知っていただけたら幸いです．

地球上の多様な生物たち

　地球上にはありとあらゆる種類の生物が棲んでいます．水の中には，背骨が発達した脊椎動物の魚類もいれば，外骨格をもつカニやエビもいます．哺乳類一つとっても，木の上で生活するオランウータン，空を飛ぶコウモリ，地上で生活する肉食性のトラや草食性のシマウマなどさまざまです．植物も何年もかけて数十メートルまで成長する樹木もあれば，一年で一生を終える草もあります．私たち人間の体の中にも，おびただしい数の細菌が生息しています．

　このように，今私たちが目にする生物は，形も性質も非常に多様です．本章では，この多様な生物たちが私たちにもたらしてくれる恩恵を，生態系の視点からみていきましょう．

 ## 1・1　生態系と生物多様性

　生態系とは，生物たちと生物を取巻く（非生物的）環境を合わせたものです．私たちが目にしている森林や河川，海などの環境には，それぞれ森林生態系，河川生態系，海洋生態系などの異なる生態系が存在しています．陸の生態系では気温や降水量の影響も大きく，一言に森林生態系といっても熱帯雨林，サバンナ林，針葉樹林などさまざまなタイプの森林があります（§5・5参照）．さらに，一つの森林生態系でも，林縁（林の周縁帯，草地や裸地に接する部分），森林内部，尾根，谷，森林と河川の境界線などさらに細かく分けることができ，環境も生物相も大きく異なります．地球はこのような多様な生態系から成り立っています．

1・1・1　生物多様性って何？

　多様な生態系を築き，その維持に重要なのが生物多様性です．**生物多様性**と

は，簡単にいうと生物の賑わいの指標です．"生物多様性が高い"とは，森林や湖などの生態系にたくさんの種類の生き物が棲んでいる状態をさします．『生物多様性条約』(§6・3・3 参照) では，生物多様性は以下のように定義されています．

"すべての生物（陸上生態系，海洋その他の水界生態系，これらが複合した生態系，その他のさまざまな生育の場をすべて含む）がもついろいろな変異性のこと．種内の多様性，種間の多様性，および生態系の多様性を含む."

何だか難しそうですね．

1・1・2　生物多様性と人間生活

では，もっと身近な例で考えてみましょう．あなたは，今日の朝，何を食べましたか？ 今，何を着ていますか？ 私たちが食べているものはほぼすべて生き物からできています．また着ている服も，植物や動物といった生物由来の繊維はもちろん，化学繊維の原料となる石油も大昔の植物・動物プランクトン

Box 1・1

寿司ネタが選べるってうれしい

　昔は寿司といえば，何か特別なことのある"ハレの日"に食べる高級なメニューでした．しかし，回転ずしチェーン店の台頭によって，今では寿司は日常のメニューとなりました．寿司屋では，さまざまなネタが乗った握りずしを注文できます．マグロやサーモンは人気がありますが，だからといって，マグロばかり，サーモンばかりを食べている人はあまりいません．たくさんのネタの中から，何をどの順番で食べようか，旬のネタは何があるかな，などと考えることが，回転寿司の醍醐味なのではないでしょうか．

　一方で，クロマグロやニホンウナギは，近年急激に減少しています．ニホンウナギは絶滅危惧種に指定されているほどです．いつまでもおいしいお寿司を食べられるようにするためにも，いろいろなネタを楽しみたいですね．それが結果として水産物の多様性を保全することにつながります．

寿司屋では多様な生物をネタとして楽しめる

の遺骸が長い時間をかけて変成したものです．日々違う食事のメニューを楽しめるのも，素材の異なる服を着られるのも，多様な生物がいる・いたおかげです．

　また，生物たちは私たちに精神的な豊かさも与えてくれます．身体や精神の健康，生きがいのために重要なエコツーリズムやバードウォッチング，スキューバダイビングなどのレクリエーションは，生物多様性が高い場で行われると楽しみも増します．

　さらに，ふだん意識することは少ないかもしれませんが，不自由なく呼吸ができること，大雨が降っても洪水はめったに起こらないこと，地域のシンボルとして生物が利用されることなど，経済的には評価できない利益も多くあります．生物たちは私たちに実に多くのものを与えてくれます．生物多様性を保全することは，人間生活を守ることでもあるのです．

1・2　生物多様性の階層性

　生物多様性はよく，三つの階層に分けて説明されます．生態系の多様性，種の多様性，遺伝的多様性です．それぞれみていきましょう．

1・2・1　生態系の多様性

　生態系の多様性は，“森林生態系，湖沼生態系などいろいろな種類の生態系がある”ということです．そして，生態系を形づくる生物相は，生態系によって異なります．また，生物の生活史（生物の一生にわたる生活のしかた）もさまざまです．森で一生を送るムササビや，海を回遊するクジラのように一つの生態系で一生を送る生物もいれば，複数の生態系を行き来する生物もいます．たとえばカエルやサンショウウオなどの両生類には，繁殖期や幼生期は水辺で生活していますが，それ以外の期間は水辺から近い森林や草地などをすみかにしている種がいます．サギやコウノトリなどの水鳥は，木の上に巣をつくりますが，エサは魚やカエルなどの水生生物です．ツバメは春になると繁殖のために日本に渡ってきて，冬が訪れる前に熱帯地域に帰っていきます．カエルもサギもツバメも，一つの生態系だけでは命をつないでいくことができません．このような生物を保全するためにも，多様な生態系が必要なのです．

1・2・2　種の多様性

　種の多様性は，"いろいろな種類の生き物がいる"ことの指標です．たとえば，白神山地のように人の手がほとんど入っていない原生林と，スギの人工林を比べてみましょう．原生林には約20種の高木が生育していますが，スギの人工林は文字通りスギ1種類だけが生育しています．つまり，原生林は人工林よりも樹木の種数が多く，多様性が高いわけです．

　さらに，原生林と人工林は樹木以外の生物相にも大きな違いがみられます．たとえば菌類です．菌類には，マツタケのようにキノコをつくる特定の樹木と共生する"菌根菌"が多く含まれています（Box 4・2参照）．これらの菌類の多様性も，樹木の多様性の高い原生林で高くなります．また，原生林には動物のエサとなる実をつけるナラ類の樹木も生育しています．すると，木の実をエサとするネズミのような小型哺乳類も集まってきます．さらに，小型哺乳類をエサとするフクロウのような猛禽類も集まってきます．このように考えると，原生林は樹木に限らず，生物相全体でみても，人工林よりも生物多様性が高いということがわかります．

1・2・3　遺伝的多様性

　遺伝的多様性は，"同じ種内の個体がもつ遺伝子にいろいろな違いがあること"を表す指標です．遺伝的多様性はある種の集団が環境に適応し，進化する過程で重要な多様性です．ここでは，体色が遺伝子によって決まるバッタの事例を想定してみましょう（図1・1）．

　2集団のバッタがいます．一つは，同じ親から生まれた子だけの，遺伝的に画一的な多様性のない集団です．体の色はみな緑色です．もう一方は，たくさんの親から生まれた子が混在している遺伝的に多様な集団です．体の色は緑色，黒色，黄色の3種類があります．

　バッタがふだん生活している草原では，緑色は草の色に紛れて捕食者に見つかりにくいため，生存に有利であると考えられます．しかし，たとえば火事で草原が一面黒色になったり，草が枯れて黄色になったりしたら何が起こるでしょうか．緑一色の集団は天敵に見つかりやすく，全滅してしまうかもしれません．それに対して，体色が3種類ある集団の黒色のバッタや黄色のバッタは，周囲の環境の色に溶け込み，天敵から逃れ，生き残る可能性が高いでしょう．

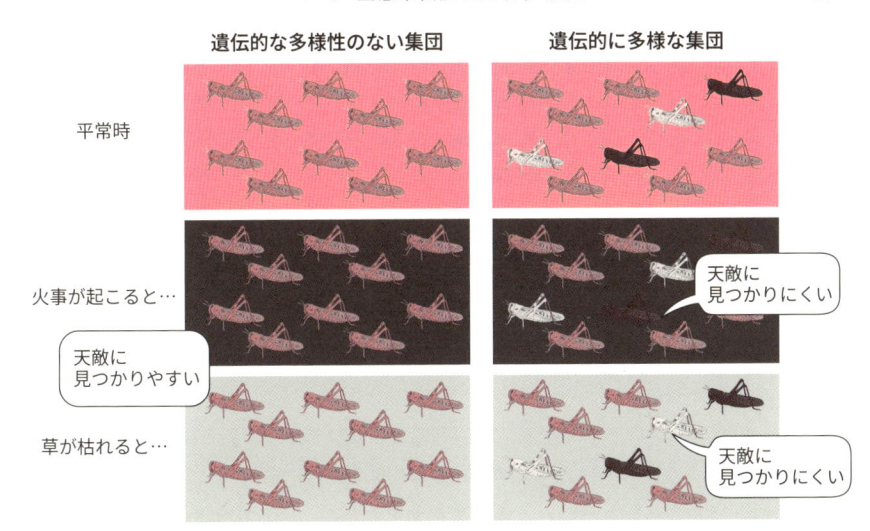

図1・1 **遺伝的多様性が高い集団は危機に強い** 平常時は，遺伝的多様性が低い集団が生存に有利だが，火事が起こったり，草が枯れたりすると，遺伝的多様性が高い集団のほうが生存に有利になる．

また，個体がもつ遺伝子のなかには，特定の病気や気候に弱いなど，生存に不利な形質をもたらすものもあります．重要なのは，もっている遺伝子が個体ごとに異なるという多様性です．暑さに弱い個体もいれば，寒さに弱い個体もいる，というようにです．もしすべての個体が暑さに弱ければ，地球温暖化が進むとその種は全滅してしまうかもしれません．

1・3 生態系機能と生物多様性

生態系では，生物と環境の間，生物と生物の間に，さまざまな相互作用がみられます．これらの相互作用の働きによって，生態系は形づくられています．その生態系の働きを**生態系機能**とよびます．

生態系機能には，生物多様性が大きく影響しています．植物の種多様性が低い草原よりも高い草原のほうが，成長量が大きいこと（図1・2），種多様性が高いアグロフォレストリー（森林の中に農作物を植えて育てる農法）では感染病がまん延しにくいこと，などが今までの研究で明らかになっています．高い

生物多様性が持続することは，健全な生態系を保つ土台の役割を果たしている
のです．

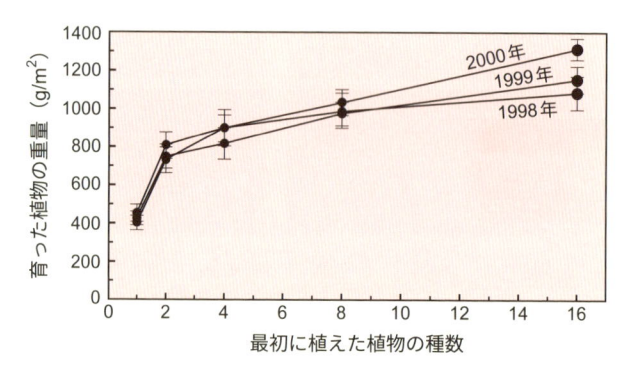

図1・2　植物の種数が多いと，成長量も大きくなる　植える植物の種数を変え
て，一定期間栽培し，収穫して重量を測った結果．最初に植えた植物の種数が
多いほど，成長量も大きくなる．［Tilman D. *et. al.*, *Science* **294**, 843-845（2002）より］

1・4　生態系サービス

　生態系機能のうち，人間にさまざまな利益をもたらす機能は**生態系サービス**
とよばれます．この"生態系サービス"の経済的価値は世界全体で一年あたり
33兆ドルと見積もられています．

　2000年に，世界中の生態系や生物多様性の最近数十年間の変化に関する調
査が行われ，その結果が『ミレニアム生態系評価（Millennium Ecosystem
Assessment）』として公表されています．ここでは，ミレニアム生態系評価で
用いられた生態系サービスの四つの分類に基づいて，人間生活が生態系から受
けている恩恵について，詳しくみていくことにしましょう（図1・3）．

1・4・1　物質供給サービス

　物質供給サービスとは，生態系が生産するモノのことです．食料，水，燃料，
繊維，化学物質，遺伝資源などがあり，例をあげればきりがありません．ここ
では，食料，水，遺伝資源に注目してみていきましょう．

　私たちは農業生態系で，さまざまな種類の農作物を育てています．多様な野

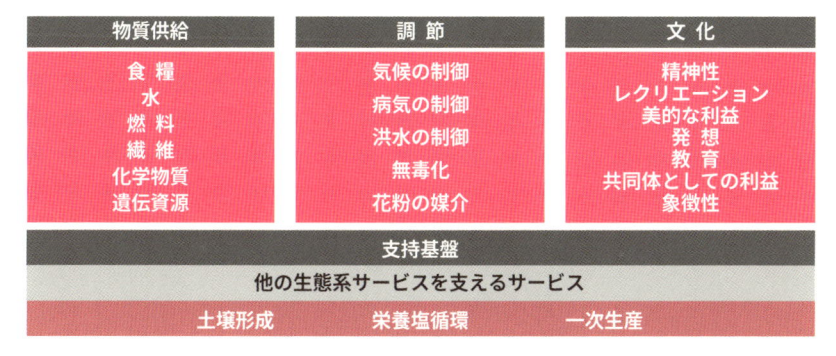

物質供給	調　節	文　化
食　糧 水 燃　料 繊　維 化学物質 遺伝資源	気候の制御 病気の制御 洪水の制御 無毒化 花粉の媒介	精神性 レクリエーション 美的な利益 発　想 教　育 共同体としての利益 象徴性

支持基盤

他の生態系サービスを支えるサービス

土壌形成	栄養塩循環	一次生産

図1・3　生態系サービスとその例　ミレニアム生態系評価では，生態系サービスを，物質供給，調節，文化，支持基盤の四つに分類した．〔Millennium Ecosystem Assessment より〕

菜や穀物を育てられるのは，それだけたくさんの種類の農作物があるからです．また，農作物のなかには，野生種の品種改良を繰返すことによって，つまり遺伝資源を利用することによって，おいしく，育てやすい種へと形質を変えてきたものが多くあります．海洋生態系から捕れる魚類，軟体動物なども，タンパク源として欠かせません．私たちの食生活は，このような多様な生物を利用することで成り立っています．

　安定して水を利用できるのも，生物多様性の高い生態系があればこそです．健全な森林生態系や水田生態系は，大雨が降ったときに水を一時的に蓄え，地下水としてゆっくりと放出します．“緑のダム”とよばれ，ダムと同等の，もしくはそれ以上の保水力があります．

　化学物質については，薬品の有効成分があげられるでしょう（図1・4）．現在，多くの薬は化学的に合成されていますが，その薬効成分を発見するきっかけの一部は，薬草に対する地域住民の伝統的知識です．研究者たちは，伝統的に頭痛や腹痛などの症状に用いられてきた薬草の成分を分析して，薬効成分を発見してきました．地域住民が多様な薬草を利用することがなければ，今私たちが安価で利用できる薬も開発されることはなかったでしょう．さらに，地球上には，まだ存在さえ知られていない植物や，誰も見たことのない菌類がまだまだあります．そのような生物から，現在は治療が難しい病気の特効薬や，新しい抗生物質が発見されるかもしれません．種の多様性が高いほど，有用な植物や菌類が見つかる可能性も高く，生物多様性の高い熱帯雨林は遺伝資源とし

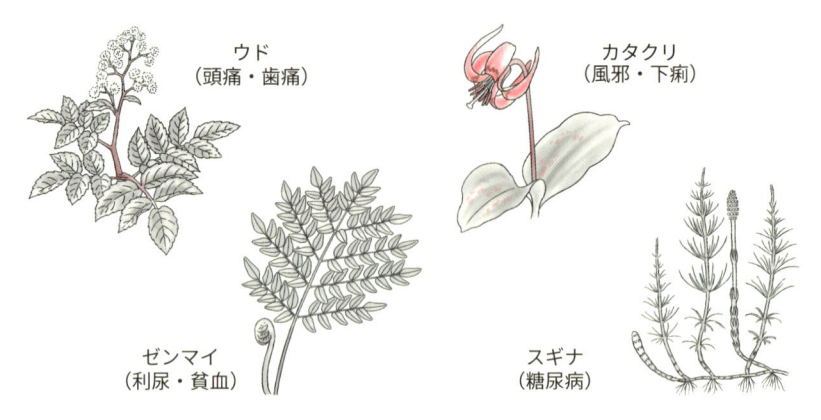

ウド
（頭痛・歯痛）

カタクリ
（風邪・下痢）

ゼンマイ
（利尿・貧血）

スギナ
（糖尿病）

図1・4 山菜にも薬効成分をもつものがある　私たちが昔から食べてきた山菜には薬効成分を含むものがいくつかある．私たちが食用とする野生植物はわずかであるため，まだ発見されていない薬効成分をもつ植物がたくさんあるかもしれない．

て特に重要視されています．

1・4・2　調節サービス

　調節サービスとは，気候変動や感染症のまん延などを制御し，私たちの生活を安全なものにしてくれる生態系サービスをさします．ここでは，地球温暖化の緩和，感染症の制御，昆虫による送粉（花粉媒介）についてみていきましょう．

　森林は二酸化炭素の吸収源であるだけでなく，気候の寒暖差を小さくすることで，地球温暖化を緩和しています．真夏に森林内に入り，涼しさを感じたことのある人はいますか？　これは樹木が日光を遮ってくれるとともに，葉の気孔から蒸発する水が，大気中の熱を奪って気温を下げるからです．

　植物の感染症のなかにはイネのいもち病のように，特定の植物だけに感染する菌によって発症する病気があります．効率性を重視して1種類の作物を大規模に栽培するプランテーション型農業では，このような感染症で農作物が甚大な被害を受ける危険性があります．感染症による被害を防止するためには，さまざまな形質をもつ種を混植する，森林の中で農作物を育てるアグロフォレストリーを行う，などの方法があります．

　花粉媒介も調節サービスの一つです．多くの植物は，昆虫による送粉がない

表 1・1　調節サービスの経済的価値は実は莫大[a]　洪水防止，水資源かん養などの生態系の調節サービスの経済的価値（単位: 億円/年）を，人工物で置き換えたときの費用などで試算した．中山間（地域）は，地方の田舎ととらえて差し支えない．

項　目	評価額		評価の仕方
	全　国	中山間	
洪水防止	28789	11496	水田および畑の大雨時における貯水能力をダムで置き換えるときに生じる経費
水資源かん養	12887	6023	水田の灌漑用水・地下水のかん養料を利水ダムで置き換えるときに生じる経費
土壌侵食防止	2851	1745	砂防ダムの建設費
土砂崩壊防止	1428	839	土砂崩壊の推定発生件数×平均被害額
有機性廃棄物処理	64	26	有機性廃棄物の最終処分経費
大気浄化	99	42	推定吸収量の排煙経費
気候緩和	105	20	夏期の気温低下能力（平均 1.3 ℃）を冷房電気料金で換算
合　計	46223	20191	

a）農業総合研究所（1998）.

と，実が成りません．家庭菜園の野菜や小学校で子どもたちが育てているアサガオが，何もしなくても花を咲かせ，実を結ぶのは，周辺の森林から飛んでくるミツバチなどの送粉者がいるからです．

　調節サービスは，物資供給サービスのように，私たちに直接お金をもたらしてくれるわけではありません．しかし，調節サービスが失われると莫大なお金がかかることにつながります．農業総合研究所は『農業・農村の有する公益的機能』の評価の中で，調節サービスのうち，洪水防止，水源地涵養，土壌浸食防止，土砂崩壊防止，有機性廃棄物処理，大気浄化，気候緩和について，そのサービスを仮に人工物で置き換えた場合にかかる費用を試算しています（**表1・1**）．その総額は日本全体で約 4 兆 6000 億円にも上ります．

1・4・3　文化サービス

　文化サービスは，生態系から得られる非物質的な利益です．生物多様性の高い生態系は，さまざまなレクリエーションやエコツーリズム，保健休養の場と

して利用されたり，芸術的なインスピレーションや発想を生み出す原動力になったり，環境教育の場となったりします．地域や文化に特有な生物がシンボルとして利用されたりもします．これらは文化サービスの一例です．ここでは，場としての利用と，地域のシンボルとして利用される生物についてみていきましょう．

　レクリエーションには，特定の生態系がなければ成立しないものが多くあります．たとえば，バードウォッチングは種が多ければ多いほど魅力的ですし，スキューバダイビングは，多様な魚がいなければ楽しみは半減します．保健休養の場として多くの人が連想するのは，雑踏にもまれる都市ではなく，緑あふれる地方の風景ではないでしょうか．

　自然生態系は環境教育の場にもなっています．スウェーデン発祥の“もりのようちえん”は，子どもたちが自然の中で過ごす幼児教育活動です．先入観のない子どもたちは，五感を使って，生物たちの形や暮らし，生物間のかかわり，四季の移り変わりなど，さまざまなことを学びます．自分なりの自然感を形成するうえで，自然との関わりの経験が重要といわれています．

　生物はときに，祭事や地域のシンボルとして機能することがあります．京都市では毎年5月15日に葵祭（あおいまつり）が開催されます．平安後期の装束での行列が有名ですが，行列で歩く人たちはみな，胸にフタバアオイとカツラの葉を組合わせた飾りをつけています（図1・5）．この飾りから葵祭という名前が付けられて

葵　紋

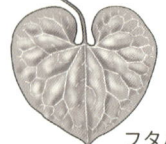

フタバアオイの葉

図1・5　フタバアオイがあってこその葵祭　葵祭の行列．みなフタバアオイとカツラで作られた胸飾りをつけている．葵紋もフタバアオイの葉をデザインしたものである．

いるので，フタバアオイがなければ，葵祭は成立しません.

　文化サービスは経済的な評価が難しいサービスです．しかし，レクリエーションや環境教育などのお金で買えない経験は，私たちの人生を精神的にも豊かなものにしてくれます.

1・4・4　支持基盤サービス

　支持基盤サービスとは，物質供給サービス，調節サービス，文化サービスの土台となるサービスをさします．植物が光合成で酸素や有機物を生成したり，食う−食われるの関係を通じて生物を形づくる炭素や窒素，リンなどが循環する，微生物が有機物を分解し土壌に還すなど，人間を含むすべての生物の生存基盤が生態系から供給されることをいいます.

1・5　どの生物を保全すればいいのか

　生物多様性を保全するのは大切ですが，地球上の生物すべてを保全することは労力的にも費用的にも現実的ではありません．どの生物を優先するかを考える際には，生物の特性を考慮することが大切で，特に次の3点に注意する必要があります.

1・5・1　固有種や固有の生態系

　地域の生物多様性を保つためには，その地域にもともといた生物やその地域で維持されてきた生態系，特にその地域にしかいない**固有種**や独自の生態系を保全することが求められます．なぜなら，固有種が地域絶滅することは，全世界からその種が絶滅することを意味するからです．日本は島国であるため固有種が多く，特に注意する必要があります.

1・5・2　キーストーン種

　生態系にとりわけ大きな影響を及ぼし，その種がいなくなると生態系のバランスが崩れてしまうような種を**キーストーン種**とよびます．ここでは北太平洋沿岸のラッコがキーストーン種であった事例を紹介します.

　ラッコは寒帯域の海に生息し，おなかの上でウニや貝を石で叩いて割って食

べる姿が愛らしい哺乳類です．北太平洋沿岸では 1900 年代に，毛皮を得るために ラッコが乱獲され，数が激減したことがありました．その結果，それまでラッコが食べていたウニが増え，ウニが食べるケルプ（コンブの仲間）の森が減ったのですが，あろうことか，魚たちまで姿を消してしまいました．実は，ケルプの森は魚たちにとって天敵から逃れるための隠れ家になっていたのです．ラッコという 1 種類の生き物がいなくなっただけで，ラッコとは直接関係のない魚類の多様性も大きな影響を受けました．

　生態系を維持するためには，単に生物の種数や個体数を維持するだけでは不十分です．生物と生物の間の関係性（生物間相互作用）がなければ，生態系は持続しないからです．生物多様性を保全する際は，特にキーストーン種とその他の生物の相互作用が保たれるようにする必要があります．

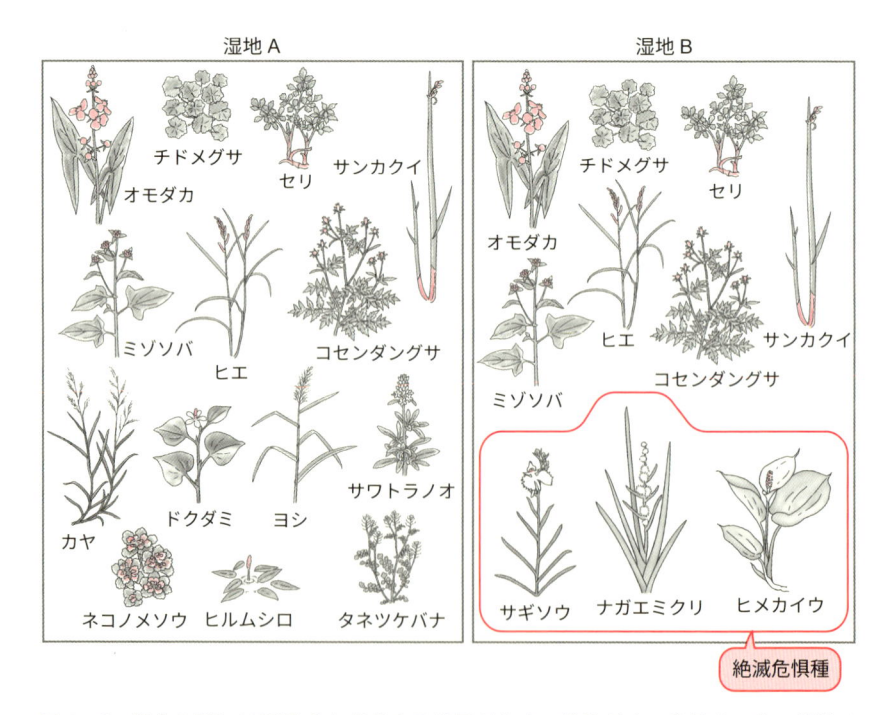

図1・6　保全の際には種構成も考慮する必要がある　種数だけに注目すると，湿地 A を保全すべきであるように思えるが，どこでもみられる 14 種からなる湿地 A よりも，絶滅危惧種 3 種を含む湿地 B を保全したほうが，地域全体の生物多様性は高くなる．

1・5・3　絶滅危惧種

　生物多様性を評価する際には，単に種数を数えるだけではなく，絶滅危惧種と普遍種を分けて考え，中身を吟味する必要があります．

　たとえば，同じ面積の湿地Aと湿地Bで植物調査をした結果，Aでは14種類，Bでは10種類の植物が見つかったとします（図1・6）．種数に注目すれば，Aのほうが生物多様性は高いと評価されるでしょう．しかし，Aは14種すべてがどこでもみられる普遍種だったのに対し，Bにはレッドデータブックに載っている絶滅危惧種が3種含まれていたとしたらどうでしょうか．どこにでもある普遍種を保全するのではなく，Bを優先して保全したほうが，その地域全体の生物多様性を保つためには有効だということになります．

ま と め

　生物多様性の保全は，「生物を大切にしよう」「人間という1種の生物がほかの生物の命を安易に奪ってはいけない」などの“動物愛護主義”と混同されることがあります．しかし，生物多様性の保全の手段は，生物の命を守るばかりではありません．稀有で固有な生態系を守るために，外来種を駆除することもあります．一方で，毒ヘビやスズメバチのように，人間にとっては有害な生物も多様性保全のためには生かす必要がある場合もあります．生物多様性保全は，地域の固有性を意識しつつ，生態系全体を見渡す俯瞰的な視点で考えられるべきものなのです．

Box 1・2

生物とは何か?

"生物"の定義とは何でしょうか? 生物は形も生命活動も種類によってさまざまですが,次の三つの特性をもっています.

① 自己境界性: 生物はどれも細胞からできています. 単細胞生物も多細胞生物も,細胞はすべて同じ構造の生体膜(細胞膜)で囲まれ,外界と細胞内とを分けています. つまり,細胞膜が自己と外部環境との境界線になっています.

② 自己維持性: 生物はどれも生きるために必要なエネルギーを自身で生み出し,生命活動を維持することができます. エネルギーは共通通貨であるATP(アデノシン 5′-三リン酸)の形で運ばれます.

③ 自己複製性: すべての生物は遺伝情報(DNA)をもち,自身で複製して,細胞から細胞へ,親から子へ,子から孫へと受け継がれます. 生物はこの遺伝情報によって,自分と同じ性質(形質とよばれる)をもつ個体を複製することができます.

ところで,ウイルスは生物なのでしょうか. ウイルスが生物なのか無生物なのかは,専門家でも判断が分かれるところです. 上記の自己境界性,自己維持性,自己複製性に注目して考えてみましょう.

まず "① 自己境界性" です. 写真からわかるようにウイルスは外界と自己を隔てる構造をしているので,この点では生物と同様であるといえます. 次に,"② 自己維持性" です. ウイルスは遺伝情報とそれを取囲むタンパク質でできていて,葉緑体やミトコンドリアなどエネルギーを生み出すための細胞小器官をもっていません. だから,ウイルスはほかの生物の機能を借りて(感染して)増殖するのです. つまり,ウイルスには自己維持性がありません. 最後に "③ 自己複製性" です. ウイルスは RNA という形の遺伝情報はもっていますが,それを複製するのに必要な機能をもっていないため,自身で複製することはできません. 以上から,ウイルスは生物の三つの特性のうち,一つしかもっていないということになります. よって,本書では,ウイルスは生物ではないと考えることにします.

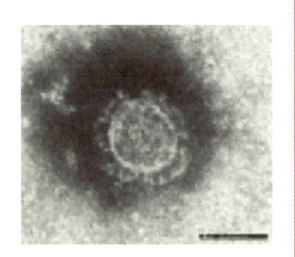

新型コロナウイルスの電子顕微鏡写真 [提供: 国立感染症研究所]

生物の共通性と多様化

　生物は地球上のありとあらゆるところにあふれていて，それぞれに独自の生態系が形成されています．現在地球上に生物種は約 870 万種もいると考えられています．これらの生物はすべて，進化によって生まれてきました．本章では，生物の進化についてみていきましょう．

2・1　私とミジンコの祖先は一緒

　地球で最初の生物が出現したのは，地球に海が誕生した直後の 40 億年前ごろだと考えられていますが，最初の生物がどのようなものだったかは，まだよくわかっていません．現在地球上に生息しているすべての生物は，共通の生物から進化したと考えられています．その理由は，基本的な仕組みや性質がすべての生物で共通しているからです．

　たとえば，すべての生物は遺伝情報を複製・記録する物質として DNA を用います．体のおもな材料であるタンパク質をつくる 20 種類のアミノ酸も共通しています．DNA には "どのようなタンパク質を，いつ，どのようにつくるか" の遺伝情報が記録されており，生物によって異なりますが，アミノ酸の種類を示す遺伝暗号はすべての生物で共通しています．また，アミノ酸には左型（L 型）と右型（D 型）があり（図 2・1），自然界には右型と左型の両方が存在していますが，生物のタンパク質を形づくるアミノ酸は，すべて左型です．加えて，生物は何らかのエネルギーを使って生きていますが，そのエネルギーは ATP という共通の物質によって受け渡されています．ATP にエネルギーを蓄えたり放出したりする方法も，すべての生物で共通しています．さらに，すべての生物は，細胞膜で包まれた細胞でできています．細胞膜はリン脂質の二重層のところどころにタンパク質が浮き島のようにはまっている構造をしてい

て，この構造も全生物で共通しています．

　もし，別々に独立して何度も生物の誕生が起こったのであれば，遺伝物質を RNA としてもつ生物や，右型のアミノ酸を使う生物，ATP 以外のエネルギー物質を用いる生物，異なる物質や構造でできた細胞膜をもつ生物がいてもおかしくありません．しかし，現実にはこれらの基本的な仕組みが全生物に共通していることから，現在地球上に生息するすべての生物は，最初に生まれた生物のうちただ一つの共通祖先から進化して生じたと考えられているのです．

　人間もミジンコもタンポポもシイタケもアメーバも大腸菌も，地球上の生物はすべて親戚どうしなのです．

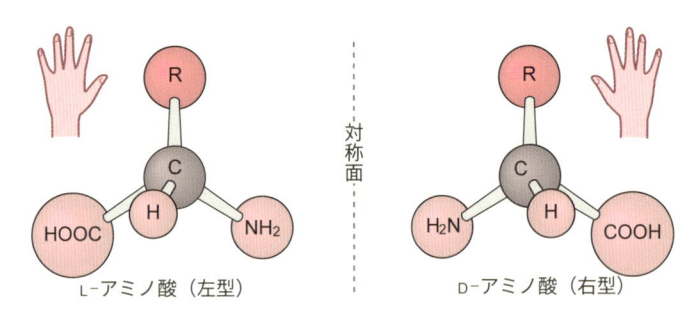

図 2・1　地球上の生物のタンパク質はすべて左型のアミノ酸を使っている

2・2 "進化する"とは？

　進化とは，生物集団の遺伝的性質が世代を経て変化することです．その結果，祖先集団と子孫集団では形質が違ってきます．祖先とはまったく違う集団が現れることもあれば，今まで少数派で目立たなかった遺伝的な性質をもつ個体が数を増やし，多数派になることもあります．これらはどちらも進化といえます．

　たとえばゾウの祖先は，バクやカバのように鼻が短く体が小さいという特徴をもっていましたが，約 2000 万年間子孫を残し続けるうちに，鼻が長く体が大きい現在の体へと進化しました．このような進化は，方向性をもっているように思われていた時期もありましたが，実はそうではありません．ゾウの系統図（図 2・2）をみると，初期には鼻ではなくあごが伸びるように進化したもの（プ

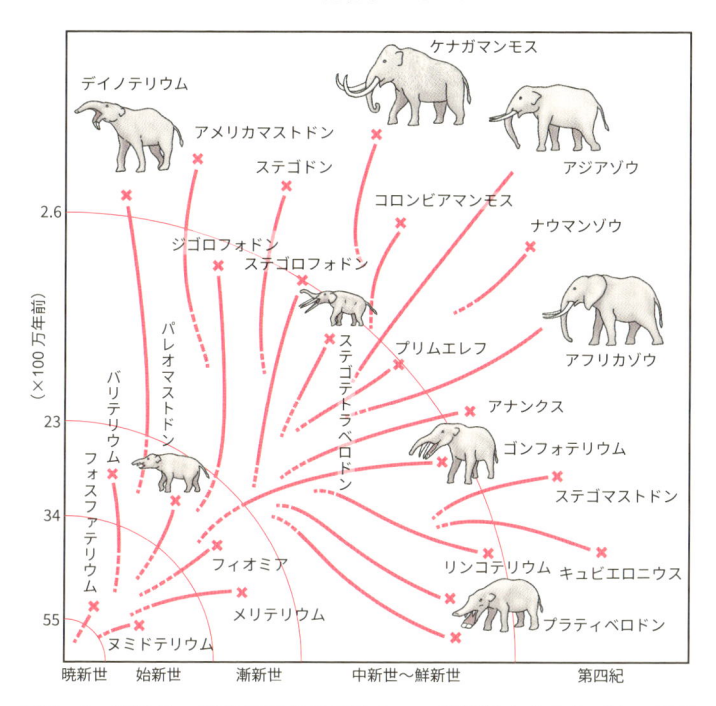

図2・2　進化は一方向に進むのではない　絶滅種も含めたゾウの系統
（✘は推定される絶滅の時期．分岐の根元は不明確なので点線で示して
ある）．過去には小型のものや，鼻ではなくあごが伸びた系統もあった．
［冨田幸文ほか著，"絶滅哺乳類図鑑"，p.213，丸善出版（2011）をもとに作成］

ラティベロドンやゴンフォテリウム）や，体が小さいままだったもの（ステゴ
テトラベロドンなど）もいました．それら多様な形態に進化したゾウの仲間の
うち，鼻が長く大型になったものだけが現在まで生き残ったにすぎないのです．

　ゾウのように，進化には数百万年〜数千万年のような長い時間が必要で，だ
からタイムマシンでもなければ進化は実証できない，と思うかもしれません
が，そんなことはありません．生物は日々子孫を残し続けているので，私たち
が観察している間に進化が生じる例もあります．特に細菌のような小さな生物
は，寿命が短く一定時間に世代交代（親→子，子→孫のように次世代に交代す
ること）が多く起こるため，進化速度が速いという特徴があります．

　黄色ブドウ球菌は，みなさんの鼻や腸にふつうに住んでいる菌（常在菌）の
一つで，増えすぎると食中毒や肺炎の原因となる細菌でもあります．この細菌

Box 2・1

進 化 で な い 例

　進化については，これまでさまざまな誤解がなされ，その誤解を基にさらに誤解が広がってきました．それは，日常生活でよく使われている進化という語が，生物進化とは異なる現象をさしていることが原因だと考えられます．

　たとえば，ゲームのキャラクターは "進化" するものが少なくありません．ゲームやアニメで有名なポケモン（ポケットモンスター）は，育成されることでより強く大きく派手な形態に "進化" します．しかしこれは，昆虫の幼虫がさなぎになり，成虫になるときの変化と同じ現象です（図）．このような一個体が成長する過程で起こる形態の変化は "変態" や "成長" とよぶべき現象であって，生物進化ではありません．

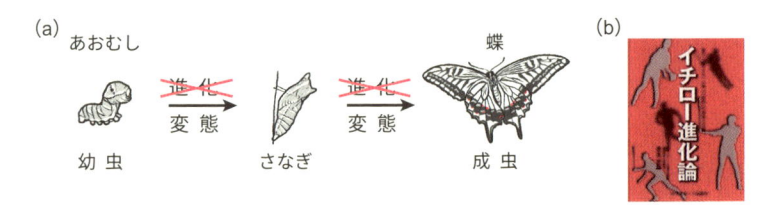

生物学的な進化ではない例 ［(b) 日刊スポーツ PRESS の許可を得て転載］

　また，スポーツ選手などが，努力の結果，より素晴らしい状態になることをさして "進化" という語が使われることもあります．なかでもイチローは，最も進化した野球選手かもしれません．オリックスのドラフト 4 位指名で 2 軍だった鈴木一朗選手は，登録名を変えるとすぐに好成績を出し，やがてアメリカ大リーグでも大活躍するトップ選手 "イチロー" になりました（図 b）．しかしこれも，生物進化ではありません．個人が努力して筋肉やスキルを発達させるこの現象は， "成長" や "進歩" です．なぜなら，生物個体が 1 世代の間に努力して得た形質（形や性質）は子孫に遺伝しないからです．遺伝しない変化では，進化は起こりません．したがって，あなたはもう，どんなに努力しても生物学的には進化することはありません．

　なお，生物の進化に "より優良な状態になる" という意味はないことにも注意する必要があります．たとえば，洞窟に棲む魚や昆虫，エビなどの多くは，目が見えなくなっています．これは，光がない場所では目を使う必要がなく，使われないため徐々に機能を失って**退化**したものです．退化も進化の一つです．

はペニシリンなどの抗生物質で死滅するため，黄色ブドウ球菌が原因の病気にかかった人は，ペニシリンを飲むことで短時間で回復していました．しかし，やがてペニシリンで死なない“ペニシリン耐性菌”が進化しました．ペニシリン耐性菌は，別の抗生物質であるメチシリンには耐性をもっていなかったので，メチシリンで病気を治せるようになりました．すると今度はメチシリンが効かない“メチシリン耐性黄色ブドウ球菌（MRSA）”が進化しました．このMRSA はさまざまな病院で深刻な院内感染をひき起こしました．1999 年にMRSA による死亡例が生じ，“最強の抗生物質”といわれたバンコマイシンという抗生物質が使われるようになりましたが，そのわずか 3 年後の 2002 年には“バンコマイシン耐性黄色ブドウ球菌（VRSA）”が進化しました．このような**薬剤耐性**集団の進化はさまざまな生物でみられ，病原菌だけでなく，農薬の効かない害虫や除草剤の効かない雑草など，その例は少なくありません．

2・3 進化のしくみ

2・3・1 適応進化と自然選択

生物がもつ形質には，その環境で生きていく際に都合のよいものが少なくありません．このような，生存や繁殖に都合のよい形質が生じる進化を**適応進化**といいます．

適応進化は体のつくりに大きな影響を与えることがあり，異なる系統の生物なのに，同じような環境に適応して同じような形質を進化させるものがみられます．たとえば，サメは魚類，イルカは哺乳類と，違う系統なのに似た体つきをしています（**図 2・3**）．これは，水中を高速で泳ぐという生態によって似た形に進化したものです．このような現象は**収斂**とよばれ，似た環境に棲み似た生態をもつ生物にみられる適応進化の一つです．

大量絶滅後の大陸でわずかに生き残った生物や，海に突然できた離れ島（海洋島）にたどり着いた生物には，急激な多様化が起こることがあります．たとえば，古生代末には海洋動物種

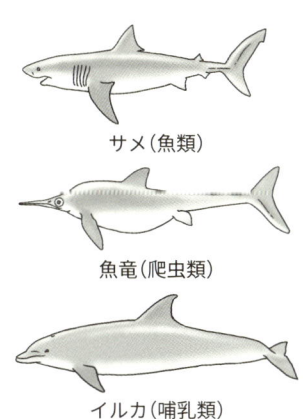

サメ(魚類)

魚竜(爬虫類)

イルカ(哺乳類)

図 2・3　収 斂　似た生態の生物が似た形態に進化する．

の 8 割以上が，陸生脊椎動物種の 7 割が絶滅したとされています．この大量絶滅を生き延びたわずかな爬虫類が，中生代に入ると陸海空のさまざまな環境に適応したことで，恐竜や魚竜，首長竜，翼竜など多様な大型爬虫類が誕生しました．中生代白亜紀末には巨大隕石の衝突によって恐竜やアンモナイトなど，約 8 割が絶滅したと推定されています．その後の新生代には，生き残ったネズミに似た小さな哺乳類（有胎盤類）が，それまで爬虫類が生息していた環境で，多様な進化を遂げました（図2・4）．このような多様化が適応進化を伴って生じることを**適応放散**とよびます．

　適応進化は自然選択（自然淘汰）によって生じます．**自然選択**とは，ある環境で生きていくうえで不利な形質をもつ個体が集団から取除かれることで集団

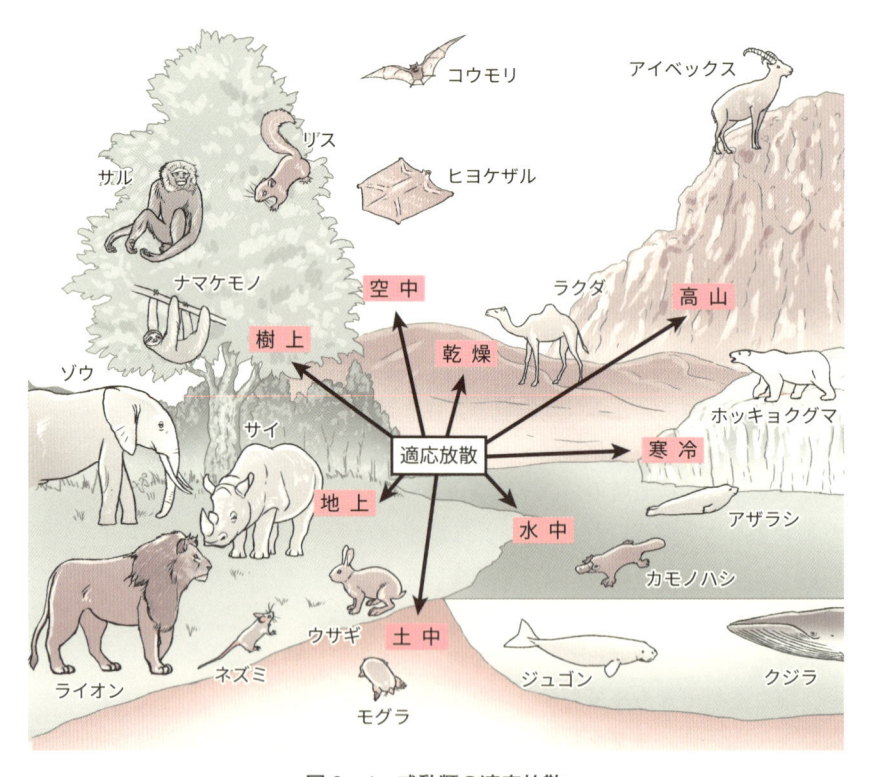

図2・4　哺乳類の適応放散

の遺伝的な性質が変わる現象のことです．自然選択による進化はどのようにして起こるのでしょうか．これは，ダーウィン（C. Darwin）が著書『種の起源』の中で解説しており，

1）集団中の個体の性質に違いがある．

2）その性質は世代を超えて遺伝する．

3）その性質の違いに応じて生存率や繁殖率に差が生じる．

の三つがそろうと，自然選択による進化が生じます．

2・3・2　変　　異

　周りの人たちの顔を見てみましょう．私たち人間の顔は一人一人違っていて，一つとして同じものはありません．目，鼻，口，眉，輪郭など，どれをとっても皆が少しずつ違っています．兄弟や親子ですら，まったく同じ顔をしている人はいません．顔に限らず，身長や声質，性格や行動など，あらゆる性質に違いがみられます．このような，同一種の個体間で形質が異なることを**変異**（variation）とよびます．変異はあらゆる生物にみられます．変異の基本は，遺伝情報（DNAの塩基配列）の違いによって生じる**遺伝的変異**です．中学理科の遺伝分野で学ぶメンデルのエンドウの丸型としわ型（図2・5），黄型と緑型などは，異なる遺伝子によって生じる遺伝的変異です．ヒトでは，肌の色，血液型など，たくさんの変異が遺伝的に決まっています．

図2・5　遺伝的変異の事例
エンドウの丸型としわ型.

　すべての遺伝的変異は**突然変異**（mutation）によって生じます．突然変異とは，遺伝情報の複製時のコピーミスや染色体の配分ミスが子になる細胞（精子や卵など）に生じることによって，祖先にはなかった新たな遺伝的組成が子孫に生じることをさします．突然変異で生じた新たな遺伝的性質は子孫に伝わり，集団の遺伝的多様性が大きくなります．たとえば，さまざまな動物において色覚を担う光センサーとしてオプシン遺伝子群があります．ヒトは3種類のオプシン遺伝子をもっており，赤の領域，緑の領域，青の領域の波長を分担しています．鳥類のオプシン遺伝子は4種類で，一つは紫外線の領域までカバーしています．ヒトと鳥が見ている景色はずいぶん違うことでしょう．哺乳類は

祖先が夜行性だったためか，赤と青のオプシンだけもつ種が一般的です．その
なかで霊長類は，赤オプシンが突然変異して生じた緑オプシンをもつようにな
りました．このことで，緑を他の色と区別する能力が高まったのです．そして，
ヒトはその特徴を受け継いでいます．このように，動物の系統によって，オプ
シン遺伝子群の種類と多様性は異なり，それは遺伝子の突然変異が原因だと考
えられています．

　なお，突然変異は，基本的に確率的，すなわちランダムに起こります．した
がって，"ある環境の生育に都合のよい突然変異が優先的に起こる"ことはな
いと考えて問題ありません．また，体細胞（体をつくっている細胞）でいくら
突然変異が起こっても，それは子孫には伝わらないので進化には関係しませ
ん．重要なのは，精子や卵のような生殖細胞で起こった突然変異です．

　ただし，生物集団内でみられる変異のなかには，環境が原因で生じるもの
（**環境変異**）もあります．そのため，私たちが実際に目にする変異は，遺伝的
変異と環境変異の両方を足し合わせたものであることが多いです．たとえば，
ヒトの一人一人がもつ脂肪の量は，どれだけその人が食べてきたかで違います
（環境の影響を受けて生じた変異です）．一方，同じ量を食べているのにちっと
も太らない人がいます．ここから，脂肪量の変異には，環境の影響に加えて，
両親から受け継いだ遺伝的形質も影響していることがわかります．この二つの
変異のうち，環境変異が生じても DNA は変化せず，集団の遺伝的性質に直接
影響することはありません．進化を考えるうえでは，遺伝的変異が重要です．

2・3・3　生存率・繁殖率の違い

　集団内で形質が異なる個体の間では，生存率や繁殖率が違うことがしばしば
あります．その結果，一生で残せる子の数に差が生じます．次世代を残すまで生
き残った子の数を**適応度**とよび，自然選択による進化を考えるうえで重要です．

　たとえば英国に生息するオオシモフリエダシャクは，白っぽい色の翅（野生
型）をもつガです．白っぽい翅は，白っぽい色の地衣類が生えた木の幹に止ま
ると，保護色となって鳥などの天敵から見つかりにくいという利点がありまし
た．ところが，18 世紀後半に産業革命が起こると，都市近郊の林では黒っぽ
い翅をもつ個体（黒化型）が増えました（図 2・6）．これは，石炭を燃やした
ときに出る煙によって地衣類が枯れ，幹の黒っぽい地肌がむき出しとなったこ

とが原因です．白い幹の上では有利だった白っぽい個体が目立つようになって
食べられ生存率が下がり，一方でそれまで不利だった黒っぽい個体は食べられ
にくくなり生存率が上がったからです．つまり，野生型の適応度が下がって数
が減り，黒化型の個体の適応度が上がって数が増えたのです．

　このことは，1953 年〜1955 年に行われた実験によって検証されました．（図
2・6 の表）．田舎街ドーセットと工業都市バーミンガムでオオシモフリエダ
シャクを多数捕獲し，標識を付けて放ち，後日捕獲したガの中に標識のある野
生型と黒化型がそれぞれに何頭いたかを調べました．再捕獲の個体数が多けれ
ば，天敵に食べられにくく，生き延びた個体が多かったことを意味します．結
果は，ドーセットでは白っぽい野生型が多く生き延び，バーミンガムでは逆に，
黒化型が多く生き延びました．つまり，大気の汚染度に左右される地衣類の生

場　所	野生型	黒化型
バーミンガム （1953 年）	$\frac{18}{137}$ （13%）	$\frac{123}{447}$ （28%）
バーミンガム （1955 年）	$\frac{16}{64}$ （25%）	$\frac{82}{154}$ （52%）
ド　セット （1955 年）	$\frac{62}{496}$ （13%）	$\frac{30}{473}$ （6%）

図 2・6　自然選択によって進化した例（オオシモフリエダシャクの工業暗化）　体色は
1 遺伝子の 2 対立遺伝子で決まり，黒化型の対立遺伝子を一つでももっていると黒化
型になる（顕性）．白い霜降り型は白型の対立遺伝子二つで発現する（潜性）．この遺
伝的変異に鳥からの捕食圧がかかる．表はバーミンガムとドーセットで行われた実験．
ドーセットの林は白い地衣類がついており，バーミンガムではついていない．両方の
林で標識をつけて放したガ（分母の数字）のうち，一定期間後に再捕獲された数（分
子の数字）とその割合を示す．

Box 2・2

エピジェネティクス

　環境によって生じた変異は，基本的に遺伝しないことが知られています．ところが近年，生まれた後に受けたストレスによって生じた新たな形質が，次世代に遺伝する例があることがわかりました．たとえば第二次大戦末期のオランダでは，"オランダの飢餓の冬"とよばれる極端な飢饉が起こりました．この時期に生まれた子は，低体重で生まれたにもかかわらず成人になると肥満になり，糖尿病や高血圧などの病気を発症するようになりました．それだけではなく，その子の子ども（孫）にも，同じ健康上の問題がみられました．これは，ストレス環境によって生じた後天的な形質が遺伝したとみなすことができます．そしてその後天的な形質は，DNA の遺伝情報の変化ではなく，DNA の発現（遺伝子からタンパク質がつくられること）のしかたが変化することで，次世代に引き継がれていることが明らかになりました．

　このような，DNA の塩基配列自体は変化せずに生じる遺伝を研究する学問分野を，**エピジェネティクス**とよびます．

育状態が，ガの体色に保護色の効果を与え，生存率に差が生じたのです．1950年代後半になって政府が大気清浄法を施行すると，徐々に地衣類が元のように生え始め，1980 年代には白っぽい野生型の個体が再び増えていました．大気汚染を通じた地衣類の生育の違いで，ガの体色の有利・不利が数十年～100 年で入れ替わったのです．

2・3・4 適応進化の妙

　生存率・繁殖率に違いを生じさせることで自然選択をひき起こす要因（**選択圧**とよびます）には，光や気温のような物理的なものだけでなく，生物の同種内や異種間で生じる，競争や共生，食う−食われるの関係などの生物的なものもあります．生物の関係が選択圧となって起こる適応進化には，自然の妙とも思えるさまざまな現象がみられます．

　生物のなかには色や形が周りの物や動植物に似たものがいます．このような現象を**擬態**といいます．たとえばピンクのランの花そっくりのハナカマキリや，海藻そっくりのタツノオトシゴ，枯れ葉そっくりのコノハチョウ（**図 2・7**），

図2・7　景色に溶け込むように進化した擬態　背景と似た姿になると天敵の捕食から逃れやすいため，よりそっくりに変異した個体が生き残る．海藻に擬態したリーフィーシードラゴン（左）と枯れ葉に擬態したコノハチョウ（右）.

　木の枝そっくりのシャクトリムシやナナフシ，木の皮そっくりの模様をもつガやヤモリなどです．擬態はさまざまに生じた突然変異体のなかでたまたま周りの物に似た形質が現れると，その個体は天敵や餌から見つかりにくくなるなど生存に有利に働くことで進化したものです.

　相利共生や食う−食われるの関係にある複数の種が互いに相手の選択圧となると，それぞれの種には相手に応じた適応進化が起こります．このような現象を**共進化**とよびます（§4・3参照）．チョウの口は花の蜜を吸いやすいように細長いストロー状に進化しています．それに対して，花は蜜腺をより花の奥につけることで，ほかの昆虫に蜜を盗まれることなくチョウに花粉をつけ，運んでもらうことができるようになります．このように，花粉媒介昆虫と虫媒花は共進化によって形質が発達していきます（送粉共生系）.

　自然選択による適応進化は，異種間だけでなく，同種のオス・メスの間でも起こります．**性選択**（図2・8）とよばれるもので，同性内選択と異性間選択に分けられます．複数のオスがメスをめぐって戦う雄間闘争は，同性内選択が生じる代表的な状況です．雄間闘争がある種では，オスはメスよりもはるかに大きく強大な体を進化させることがあります．大きな体で戦いに勝ち多くのメスとつがいになれれば，子どもをたくさん残せるからです．激しい雄間闘争がみられるゾウアザラシのオスは体重が5トン近くにも大きくなることがありますが，多くのメスは数百キログラム〜1トン未満と小型です.

　一方，異性間選択は異性の片方が選り好みをすることで生じます．代表的なのはクジャクで，オスはきらびやかな体毛と鮮やかな長い尾羽が特徴です．オス同士は集まってレックという集団をつくり，美しい羽をメスに見せびらかします．メスはレックに集う複数のオスを見比べ，その1羽と交配します．このため，メスに選ばれやすい性質がオスにだけ進化してきます．クジャクがオスだけ派手な見た目をしているのはそのためです．

　いろいろな種でオスとメスで見た目などの形質が大きく異なる現象がみられ，これを**性的二型**とよびます．性選択は，性的二型が進化する要因として重要です．

(a) ゾウアザラシ　　　　　　　　　　　(b) クジャク

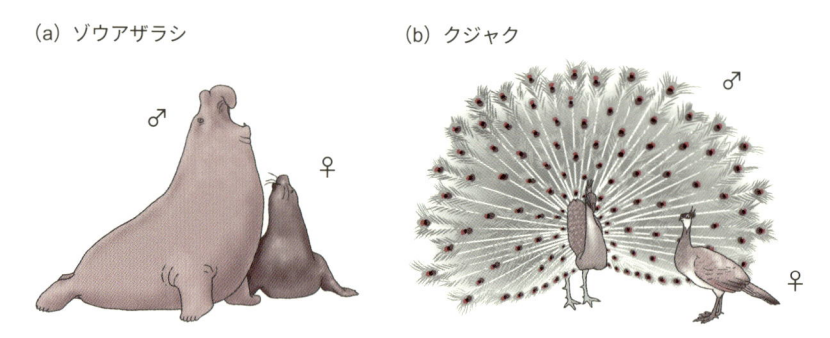

図2・8　メスを得やすく進化する（性選択）　(a) 同性内選択（雄間闘争）の例：ゾウアザラシのオスは強く大きい個体が有利．(b) 異性間選択（メスによる選好み）の例：クジャクのオスは美しい個体が有利．

2・3・5　遺伝的浮動

　生物集団の**遺伝子頻度**（ある遺伝子が集団中に存在する割合）は，その遺伝子が生存に有利に働くか不利に働くかと関係なく，偶然の影響でも変化します．たとえばエンドウの豆の形には丸型としわ型がありますが，この形質は"丸くなる遺伝子"をもっているかどうかで決まります．さて，エンドウの丸型の種子（純系）を5粒，しわ型種子を5粒，畑にまいてそれぞれ同じ型どうしで受粉させて豆を収穫することを考えてください．5粒どうしの小さな集団です．親世代の種子を丸としわで1：1の比率でまいたからといって，収穫された子世代豆の数が1：1の比率になっているとは限りません．どちらかの型

で偶然エンドウが枯れたり，受粉できなかった花があったりして，収穫が少なくなることの方が多いでしょう．このように，集団の遺伝的構成が偶然変化することを**遺伝的浮動**とよびます．

　遺伝的浮動は，個体数がより少ない集団ほど効果は大きくなります．たとえば種子を 10 個植えて，1 本は運悪く枯れるとします．上の例で考えると，丸型かしわ型かどちらかがたまたま 1 本枯れ，枯れたほうの型は収穫量が 1/5，すなわち 2 割減ります（図2・9．どちらが減るかは偶然決まります）．さて，もし両型で 5 万個ずつ，合わせて 10 万個の種子を植えるとどうでしょう．1 割の 1 万本が枯れたとして，その一本一本が丸型なのかしわ型なのかは偶然決まるので，両型でおよそ 5000 本ずつが枯れるでしょう．どちらの方も 1 割収穫減なので，丸型としわ型の比率はおよそ 1：1 になります．もちろん正確に 5000 本ずつ枯れるわけではないので収穫量はわずかに違ってきますが，どちらかの収穫量が 2 割減るほど偏って枯れる（その型だけ 1 万本偶然枯れる）ことはほとんど考えられません．偶然の影響はあるにしても，10 個まいたときと比べるとはるかに小さいのです．小さな集団ほど遺伝的浮動の影響が大きいということは，絶滅の起こりやすさにも関係します（§3・2・7 参照）．

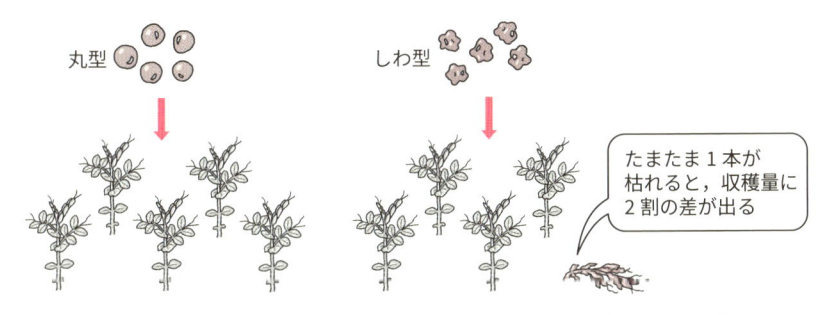

丸型　　　　　　　しわ型

たまたま 1 本が枯れると，収穫量に 2 割の差が出る

図2・9　小さい集団ほど遺伝的浮動の影響（偶然の影響）を受けやすい

　集団に遺伝的変異があっても，遺伝的浮動の影響で一部の遺伝子が集団から失われれば，遺伝的変異は小さくなります．そうでなくても遺伝的浮動のために特定の遺伝子は増えることもあれば減ることもあります．このように生じる集団の遺伝的性質の変化は，生存や繁殖の有利不利とは関係なくても，進化であることには変わりありません．

2・3・6　遺伝的浮動と関連する現象

　遺伝的浮動に関連した現象の例として，びん首効果と創始者効果がありま
す．どちらも，集団が小さいことが遺伝的多様性に影響を与える進化的なプロ
セスですが，起こる状況やその影響のしかたにいくつか違いがあるので個別に
みていきましょう．

　びん首効果（ボトルネック効果） とは，集団の個体数が一時的に急激に減少
し，その結果として遺伝的多様性が大幅に減少する現象です．この現象は，火
山噴火や洪水などの自然災害や乱獲，環境汚染などの人為的な要因によってひ
き起こされることがあります．なぜびん首効果といわれるのか，びんと5色の
ビーズ玉を例に説明しましょう．びんの中には，5色のビーズ玉がたくさん
入っています．びんを傾けて少しだけビーズ玉を取出すと，5色すべてが出て
くるわけではなく，2色や3色しか出てこない場合
があります．取出すビーズ玉が少ないと，1色だけ
になることもあります．このように，びんの狭い部
分を通過するビーズ玉の色の種類が減る現象は，自
然災害や人為的な要因で生物集団の生存個体数が減
少する場合と似ています．その結果，遺伝的多様性
が大幅に低下するのです．

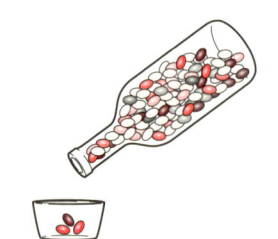

　びん首効果の例として，チーターの例がよく知られています．いくつかの大
陸で大型脊椎動物の絶滅が起こった1万年前頃，おそらくチーターの個体数も
大幅に減少しました．生き残った少数で交配したため近親交配が進み，さらに，
生息地の消失やヒトによる狩猟なども起こり，チーターの遺伝的多様性は非常
に低くなっています．このようなことから，チーターは伝染病など突然の環境
変化に適応しにくく絶滅しやすいと考えられています．

　ヨーロッパバイソンにもまた，びん首効果が生じています．乱獲と生息地の
破壊によって野生のヨーロッパバイソンは絶滅しました．幸いにも，動物園に
残されていた繁殖可能な12頭のバイソンから繁殖プログラムが開始され，現
在では数千頭にまで個体数が回復しています．しかし，たった12個体の祖先
から始まっているため，ヨーロッパバイソンの遺伝的多様性は非常に限られて
います．

　創始者効果 とは，少数の個体が元の生息地から隔離された新たな地域に移入

Box 2・3

トバ・カタストロフィ理論

　びん首効果と関連するものとして，トバ・カタストロフィ理論（カタストロフィとは天変地異の意味）があります．約7万年前にインドネシアのトバ火山が大噴火し，高く吹き上がった火山灰が成層圏に到達して日光を遮断したことで，地球の平均気温が5℃も低下し，その期間が6000年間も続きました．この天災によって食糧が減少し，人類の総人口は1万人以下にまで激減したと考えられています．この人口の激減によって，現生人類の遺伝的多様性が低くなったと考えられています．

し，新しい集団を形成するときにみられる現象です．この小さな創始者集団がもつ遺伝的特徴が，新しい集団の遺伝的構成を大きく左右します．新しい集団は元の集団の遺伝的特徴をまんべんなくもつのではなく，偶然による偏りが生じるため，元の集団に比べて遺伝的多様性が減少していることがほとんどです．

　南アフリカの人々にはポルフィリン症とよばれる遺伝疾患が高い割合でみられます．この現象は，17世紀にオランダから南アフリカに移住したわずかな数の開拓者からもたらされたと考えられています．この創始者集団の中にポルフィリン症の遺伝子型をもつ人がおり，創始者効果により，その遺伝子が集団全体に広がりやすくなったと考えられています．また，南北アメリカに住むネイティブアメリカンの血液型はO型がきわめて多いことが知られています．これはベーリング海を渡ってアメリカ大陸に移住した少数の人々（創始者）にたまたまO型が多かったからだと考えられています．

　退化も，おもに遺伝的浮動によって起こる現象で，進化の一つです．不用になった器官は小さくなり消失するよう進化する傾向があります．大事な器官が縮小するような突然変異が生じた個体は生存に大きく不利になるため，自然選択によって速やかに集団からいなくなり，その器官は退化せず存在し続けるでしょう．しかし不用になった器官は生存に有利でも不利でもないので，遺伝的浮動によって，その器官をつくる遺伝的性質をもたない個体が，偶然集団中に広がることがありえます．例を一つあげます．ヒトの足の小指の関節は本来三つありますが，日本人の約80%は指先二つの骨が癒合して第一関節がなくな

り，関節が二つしかありません（**図2・10**）．これは，足の小指は曲げる必要がほとんどないため，突然変異によって生じた第一関節がない遺伝子が，遺伝的浮動によって集団中に広がったと考えられます（第一関節がないと足をぶつけたときに骨折しやすいのですが，そのコストは小さいと考えてよいでしょう）．また，ヒトの永久歯は成人で32本ですが，これより少ない人が約10%もいます．これも，現代人の生態からみると歯の本数は重要でないために生じている現象と考えられます．また，洞穴の真っ暗な池に生息する魚は，眼を使って生活することを止めて，匂いや波の振動などを使っています．洞窟の魚の眼の痕跡にあるレンズタンパク質のクリスタリンは，突然変異で生じた誤ったアミノ酸配列によって透明ではなく濁っています．暗い洞穴では眼は不用であり，ここに選択圧はかからなかったことを示しています．

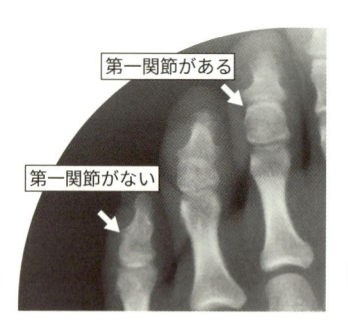

第一関節がある

第一関節がない

図2・10　ヒトの足の小指
の第1関節の退化

2・3・7　分子進化の中立説

1968年に木村資生が提唱した**分子進化の中立説**は，偶然と選択（淘汰）の進化理論です．

進化の道すじとして自然選択だけを考えると，繁殖力や生存率がより高い性質だけが進化する，つまりどの個体も同じ遺伝的性質をもつようになるはずです．しかし現実の生物には，大きな遺伝的多様性がみられます．なぜでしょうか．**図2・10**を見てください．突然変異はランダムに起こりますが，生じた突然変異がその個体に与える影響は3種類あります．有害な変異，有益な変異，そしてなんの影響もない変異（これを**中立な変異**とよびます）です．有害な変異は生存に不利なので，自然選択（純化淘汰といいます）により集団から早晩，

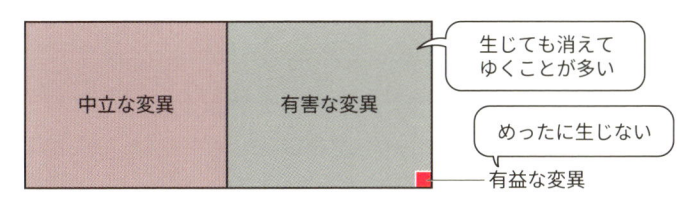

図2・11 中立説の考え方 有害変異は早晩集団から消えて中立な変
　　異だけが集団中に残り，積み重なっていく.

消えていきます．有益な突然変異の発生は確率的にきわめて低いので，無視す
ることにします．中立な変異はどうでしょうか．害も益もないので選択圧はか
からず，淘汰されることも特に増えることもありません.

　ある遺伝子に発生した中立な突然変異を考えてみましょう．これらは，遺伝
的浮動で（たまたま）集団に残ったり消えたりします．また，時間が経つにつ
れて新たな中立な変異がその遺伝子に生じ，古い変異がなくなっていく一方で
新たな変異に置き換わるようになります．つまり集団内に積み重なるのは中立
な変異なのです．こうした"中立な変異"は遺伝的多様性を生み出す源となり，
生存に大きく影響しない範囲で多様な形質を生み出し（中立な形質という言い
方をします），進化をもたらす原動力となります.

　ところで，生存上重要でない"中立な遺伝子"には選択圧がかからないため，
塩基配列は一定の確率で時間に比例して（つまり一定の速度で）置き換わりま
す．これを"分子進化速度の一定則"といいます．このような性質をもつ遺伝
子の配列を調べることで，進化の速度を計ることができます（**分子時計**といい
ます）．共通祖先から分かれた2種の生物の"中立な遺伝子"を調べることで，
いつ別々の種になった系統を知ることができるようになったのです（今では中
立でない遺伝子でも系統分岐を計算できます）.

3

地域集団の成り立ち

　進化によって地球上にみられるようになった多様な生物たちは，互いに関わりをもちながら暮らしています．同じ種の生物は，同じエサなどをめぐって争うライバルですが，ときには協力しあう相手にもなります．また，多くの生物は，繁殖の際に同種の異性が必要です．つまり，ある生物が生きて子を残すうえで，近くで暮らす同種の生物は重要な存在なのです．本章では，同種の生物のまとまり（ないし集団）に注目し，個体数が増えていくときの様子はどのようなものか，個体数が増えすぎたり減りすぎたりした場合，何が起こると考えられるか，また，同種の生物の関係にはどのようなものがあるのか，を中心にみていきましょう．

3・1　同種の集まり(集団)：個体群とは

　同じ種の生物は，多かれ少なかれ，ある地域にまとまって生息しています．このような同種の生物のまとまり（ないし集団）を**個体群**とよびます．個体群の様子を知るために，私たちはさまざまな指標を用います．**個体数**（何個体の生物から個体群ができているか），**個体群密度**（面積あたりの個体数），**増加率**（一定の時間で個体数が増える割合），**齢構造**（どのような齢の個体がどの程度の割合でいるか），**社会構造**（集まって暮らすか，単独で暮らすか，など），**分布パターン**（互いが避けあって暮らすか，エサの多いところに集まってくるか，なわばりをもつのか，など），**性比**（オスとメスの割合）などです．

　多くの場合，個体群は一つの種に一つだけあるのではありません．種全体でみると，地域ごとにまとまった個体群がいくつも存在していることがふつうで，ある個体群に属する個体が，別の地域の個体群に移動したり（移出），逆

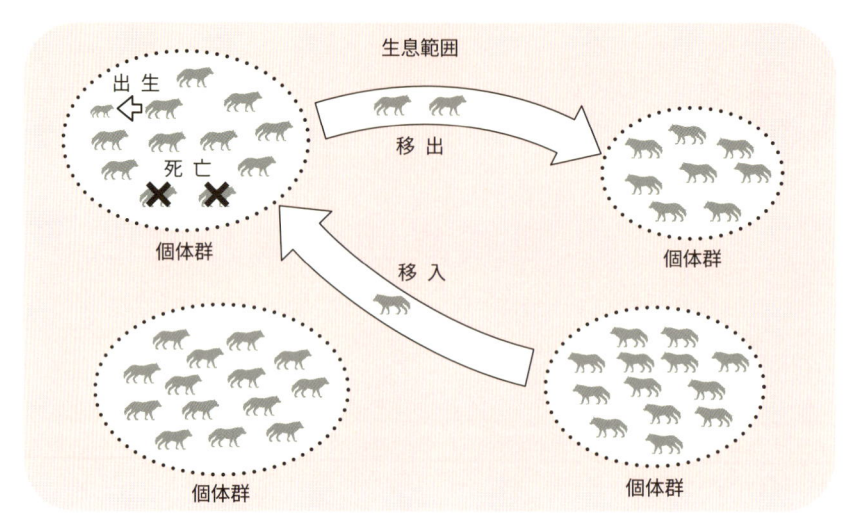

図3・1 個体群は同じ種のまとまり そこでは新しい個体が生まれ，死に，他の個体群との間に出入りがある．

に移動してきたり（移入）することがあります（図3・1）．移動のしやすさは，その種の能力に加えて，個体群間の距離や，移動を妨げる障壁の有無などの影響を受けます．たとえば，オサムシのように空を飛べない地上性の昆虫であれば，幅の広い川の向こう岸には移動しにくいでしょう．

　それぞれの個体群で暮らす個体は，その地域の環境条件に応じた自然選択（§2・3・1参照）を受けています．また，偶然の影響（§2・3・5"遺伝的浮動"参照）は，個体群ごとに違った形で生物の性質を変えるでしょう．そのため，移出や移入が少ない場合，それぞれの個体群は互いに遺伝的性質が違ってきます．このことは，他の地域に同種の個体群が存在するからといって，ある地域の個体群が，人間のせいで絶滅してもかまわないわけではないことを意味しています．その個体群特有の遺伝的性質がなくなると，全体の遺伝的多様性が小さくなるからです．また，ある地域で採集した生物を，別の個体群がみられる地域で放すことも望ましくありません．移動が少ないことで成り立っている遺伝的性質の違いを薄めることにつながるからです．個体群の間の遺伝的な違いは人間の目には見えにくいかもしれませんが，その違いに思いをめぐらせることが，生物多様性を保全する際に重要になってきます．

3・2　突破できない成長の壁
3・2・1　個体数の変化

　生物は，条件が整えば繁殖します．また，さまざまな理由で死亡します．移出や移入が起こることもあります．そのため，一つの個体群の個体数は時間とともに変化します．この変化がどのように進むかは，個体群のふるまいを知るうえで非常に重要です．

　話を簡単にするために，移出も移入もない個体群を考えてみましょう．このような個体群では，新しい個体が生まれると個体数は増え，今いる個体が死ぬと個体数が減ります．つまり，個体数の増加は，その個体群全体で新しく生まれた数から死亡した数を引いた数になります（この数は，出生数より死亡数が大きくなるとマイナスになります．このとき個体数は減りますが，これを“マイナスの増加”とよぶことができます）．また，増加数を増加前の個体数で割って計算される1個体あたりの増加数を，**増加率**とよびます．

　ある生物が，ほとんど制約なく子を生むことができ，死ぬことも少ない“理想的”な状況では個体数はどう変わるでしょうか？　たとえば，エサや生息場所が十分にあって，それらを奪い合う競争相手がおらず，天敵もいない環境に，ある種が新しく入ってきたような状況です．この場合その生物は，どんどん増

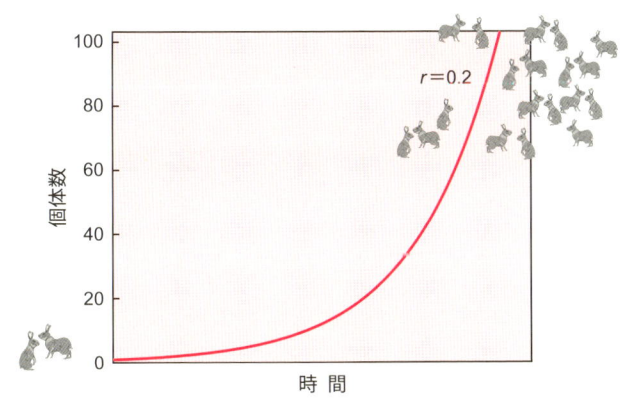

図3・2　制約のない環境では，生物は急激に増えていく　ある時点の個体数（N）に一定の増加率（r）をかけた数だけ個体数が変化する場合（個体数の変化を dN/dt と書く），この関係は $dN/dt = rN$ という式で表すことができる．この式を最初の個体数を1，増加率0.2として描いたものがこのグラフ．

えていくでしょう．このときの増加のしかたを**指数関数的増加**とよびます．指数関数的増加について，時間を横軸に，個体数を縦軸にとったグラフで表したものが図3・2です．指数関数的増加の特徴は，増加率が一定な一方で，一世代ごとの増加数が世代を経るたびに激増していく点です．たとえば一世代で2倍に増えるのであれば，最初2個体しかいなかったとしても，それが次の世代では4個体になり，さらに8, 16, 32, 64個体とネズミ算式に増えていきます．そして10世代目にはおよそ1000倍，20世代目で100万倍，30世代で10億倍になる計算になります．つまり，指数関数的増加を示す生物が環境へ与える影響は，最初は小さくとも，そのうち甚大になりうるのです．

3・2・2　個体数が増えるにつれて増加率が低下するとき

前項で説明したような爆発的な増加はいつでも起こるものではありません．自然の中で暮らす生物は，さまざまな理由から，能力の限界までは繁殖できなかったり，死亡率が高まったりするからです．こうして増加率が小さくなれば，増え方は緩やかになります．

個体数が増えること自体，増加率を小さくする要因になります．このときの，

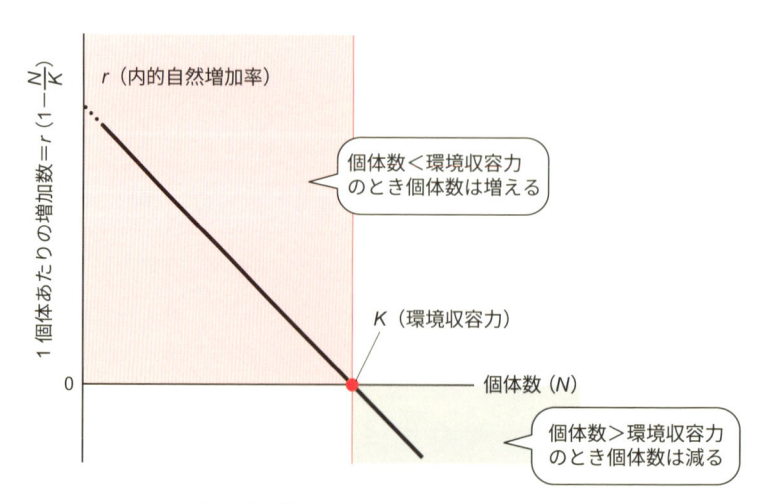

図3・3　個体数が増えるにつれて増加率が小さくなる場合
増加率が0になるときの個体数が環境収容力 (K)

個体数と増加率の関係の一例をグラフにしたものが図3・3です．この図では，個体数が0のときに増加率が最大となっています（現実には個体数が0だと数は増えないので，個体数がきわめて少ないときのことを想定しています）．この最大の増加率を**内的自然増加率**とよび，生態学では伝統的にrという記号で表します．

　この図では，増加率は個体数の増加に比例して小さくなり，ある点で横軸と交わっています．この点は増加率が0であることを意味しています．このときの個体数を**環境収容力**とよび，Kという記号で表します．

　このような関係があるときの生物の数の増え方を，時間を横軸に，個体数を縦軸にとったグラフにしたものが図3・4です．この図では，グラフの曲線がSの字を傾けたような形になっています．個体数が少ないときは増加率が大きく，個体数は急激に増えていく一方で，時間が経って個体数が多くなると増加率はだんだん小さくなって増え方も緩やかになり，やがて個体数が一定になるのです．図3・4では，rやKに具体的な数字をいくつかあてはめたときに，増え方がどう変わるかも示しています．rが変わってもKが同じであれば，時間が経って一定になったときの個体数が同じであることがわかります．図3・

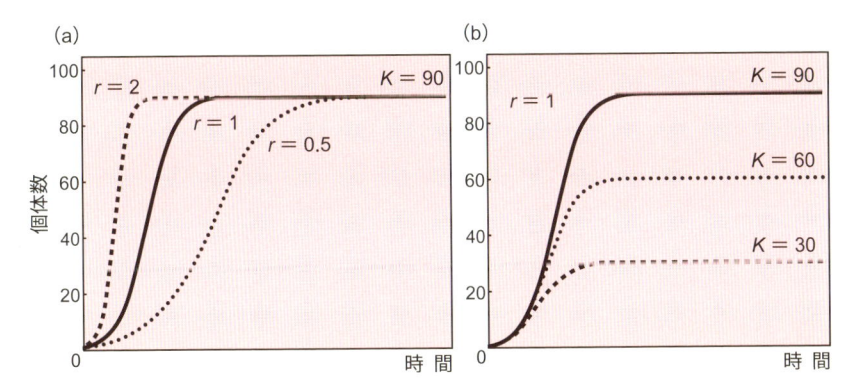

図3・4　個体数がどのくらいで安定するかは環境収容力で決まる　図3・2の式のrの部分を $(1-N/K)$ で割り引いた，$dN/dt = rN(1-N/K)$ という式に変えたものをロジスティック式，描かれた曲線をロジスティック曲線とよぶ．この式で（a）環境収容力を一定（$K=90$）とし，rを0.5，1，2と変えて描いたグラフ．（b）内的自然増加率を一定（$r=1$）とし，Kを30，60，90として描いたグラフ．いずれの場合も最初の個体数は1である．

4は個体数の増え方を理論的に描いたものにすぎませんが，それでも指数関数的増加を示した図3・2に比べれば，現実の世界で起こっている現象に少し近づいているといえるでしょう．

　実際に，この図のように個体数が変化する例は，実験環境下でも，自然環境下でもみられます（図3・5）．もちろん，すべての生物が図3・4で描かれているような形で増えるわけではありません．現実の生物の個体数は，もっと多くの要因が複雑に絡んで変わることが多いからです．それにもかかわらず，このグラフを導いた式（図3・4の説明にある式のこと．**ロジスティック式とよびます**）から，環境と生物の数の間の関係について重要なことを学ぶことができます．なかでも，特別大事なものが環境収容力です．

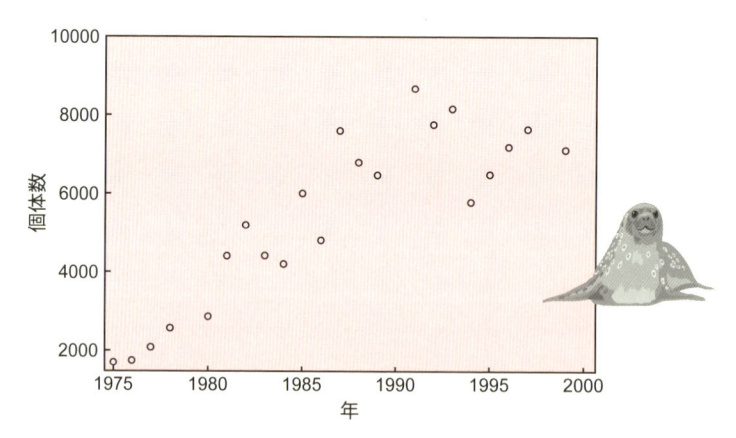

図3・5　自然環境下でも，個体数がロジスティック曲線のように変化する例がみられる　米国ワシントン州海岸の入り江地帯におけるゼニガタアザラシ個体数の1975年から1999年までの変化．[Jeffries, S., *et. al.*, *The Journal of wildlife management*, **67**, 207-218（2003）に示されたデータを用いて描いたもの]

3・2・3　環境収容力

　環境収容力は，生態学の基礎となる概念の一つで，ある環境で持続可能な状態で暮らすことのできる生物の最大個体数を意味しています．生物が生きていくために必要で，使うと失われるものを，生態学では広く**資源**とよびます（たとえば動物にとってのエサや生息場所，植物にとっての光や土壌中の栄養分な

ど）．資源は有限なので，資源に依存して暮らす生物の数にも上限があります．個体数が増えていくことを個体群の成長とよびますが，有限の資源のもとでは，無限の成長はありえないのです．

　このことは図3・3，図3・4で示したグラフにも表れています．個体数が環境収容力より小さいとき，増加率はプラスになります．これは，個体数を抑制する他の要因（捕食者や災害・病気の発生など）がないときには，個体数が増えていくことを意味しています．逆に個体数が環境収容力より大きいと，増加率はマイナスになり，個体数は減少します．つまり，もし何らかの理由から個体数が環境収容力を上回ることがあったとしても，それは一時的で，持続可能ではないのです．

　このことを，現実の問題に当てはめてみるとどうなるでしょう？　たとえば，希少生物の個体群を保全しようというときです．その生物の数が少ないのは，もともと環境収容力が小さいところで暮らしているからか，何らかの理由で環境収容力が小さくなってしまい数を減らしたからだと考えられます．ですから保全策としては，飼育下で人工的に繁殖させて野外に放すよりも，生息環境を健全なものに整えて個体数が自然に回復するのを待つ方が望ましいということになります．増やした個体を野外に放って，個体数が環境収容力より大きい状況を人為的に作り出しても，結局個体数は減ることになるからです．実際に北海道では，水産資源を増やす目的で，サクラマスを放流している河川がありますが，放流が元から川にいるサクラマスの繁殖を妨げ個体数が増えないことが指摘されています．それだけではなく，他の淡水魚にも悪影響を及ぼしている可能性さえあるとのことです．

　現実には，特定の地域のある生物の環境収容力がどのくらいかを私たちが知るのは簡単ではありません．個体数を数えたとしても，それが環境収容力に近いものとは限りませんし，エサの量などの環境条件は時間が経つと変化するため，環境収容力自体も一定ではないからです．

3・2・4　個体数が増えすぎる場合

　図3・3，図3・4で描かれたグラフを見ると，生物の個体数は環境収容力に徐々に近づき安定して維持される，と考えたくなりますが，現実の世界ではそうとは限りません．このグラフを導いた理論（ロジスティック式）には，"個

体数と増加率は少しずつ変化する"　"個体数が変わると増加率もすぐに変わる"
という前提がありますが，この前提が当てはまらない場合があるからです．た
とえば，出現する季節が決まっている草本や昆虫は，多くの個体が一斉に生ま
れ，同じように成長し，同じ時期に繁殖して一斉に死んでいきます．このよう
な生物の場合，個体数は世代ごとに段階的に変化します．

　人間の場合は子を産むタイミングが人によってそれぞれですから，10000 人
が 20000 人に増えていくときは，10000 人のうち誰かが子を産むことで 10001
人になり，またしばらくして誰かが産んで 10002 人になり，ということを繰返
し，個体数は少しずつ変化します．そのため 20000 人になる途中で，15000 人
という状態を経ることになります．一方昆虫であれば，10000 個体が同じタイ
ミングで一斉に産卵するので，個体数が次の世代で 20000 にいきなり変わり，
その途中で 15000 個体がいるという状態はない，と考えることができます．そ
のため，個体数が環境収容力に近くなって増加率が小さくなっても，内的自然
増加率（r）がある程度大きいと（大きく増える潜在的な能力をもっていると），

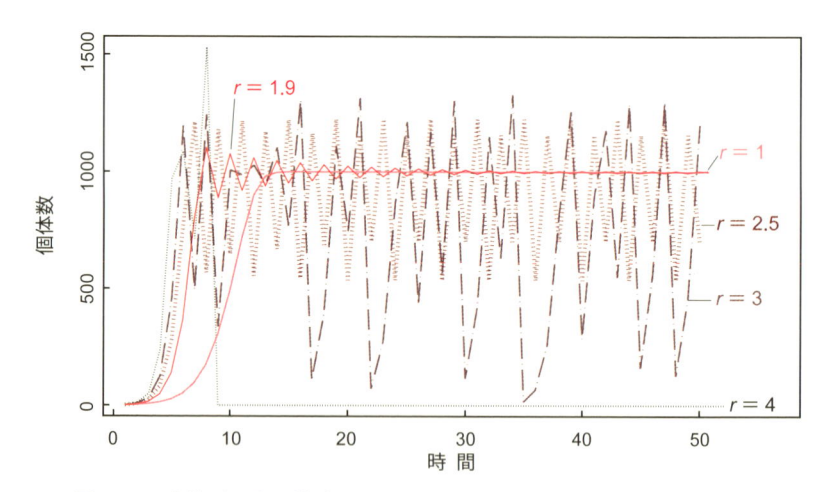

**図 3・6　生物が一斉に繁殖したり死亡したりする場合，個体数が自然に
　　増えたり減ったりすることがある**　時間 t から単位時間だけ進んだ時間
　　$t+1$ の間の個体数の差を左辺にとった，$N_{t+1}-N_t = rN_t(1-N_t/K)$ と
　　いう式（差分ロジスティック式）を用いたシミュレーションの結果．最
　　初の個体数 2，環境収容力 1000 とし，r が 1，1.9，2.5，3，4 の五つの
　　場合で計算した．

個体数が一時的に環境収容力を越えることがあります．このときの個体数の変化を図3・6で示しました．

この図は，個体数が増えすぎて減少に転じたとき，今度は減りすぎることも示しています．環境収容力より個体数が少なくなるのです．とはいえ，増えすぎの程度が小さければ，その後個体数は増えたり減ったりを繰返しながらしだいに環境収容力近くの値に落ち着きます（図3・6，$r = 1.9$．正確にはわずかな増減が残っています）．しかし，rの値によっては個体数はいつまでも安定せず，増減を繰返したり（$r = 2.5, 3$），急激に増えた個体数がすぐに激減して絶滅したりします（$r = 4$）．

個体数が環境収容力を一時的に越える状況はほかにもありえます．すべての個体が同じ性質をもつのではなく，たとえば繁殖できる成体と未成熟な幼体という二つのタイプがいて，それぞれ必要とする資源が異なるような生物の個体群を考えてみましょう．カエルはこのような生物の例で，オタマジャクシのときは水の中で暮らし，藻類や落ち葉，動物の死体などさまざまなものを食べ，成体になると上陸して昆虫をエサにします．このように，成体と幼体で必要とする資源が異なり，幼体の資源が豊富にある場合，ある時点で産まれた子はすぐには増加率に影響しません．この個体が増加率に影響するようになるのは，成長して成体となり，成体の資源を争うようになってからです．成体と幼体が同じエサを食べる生物の場合，成体の数が環境収容力に近く，エサがほとんど食べられてしまっている状況では，産まれてきた子はたちまちエサ不足に直面し，全体の数はほとんど増えません．しかし，カエルの例でいえば，陸上と水中の状況が違って，成体はエサに余裕がなくてもオタマジャクシはふんだんに食べられる状況が生じます．このとき，成体の数が環境収容力に近い場合でも，多数のオタマジャクシがカエルに成長し，全体の数が一時的に大きく増えうるのです．

このように，生息環境が変わらなくても，個体数が変化する可能性があります．言い換えれば，ある生物の個体数に変化が観察されたとしても，必ずしも環境条件の変化が原因だとは限らないということです．そのため，環境変化が個体数に与える影響について把握しようとするときは，長期間観察することが望ましいのです．

3・2・5 密 度 効 果

　個体数が増加率に影響することを**密度効果**とよびます．個体数が増えると増加率が下がる場合，これを**負の密度効果**とよびます．負の密度効果が生じるメカニズムにはいろいろなものが考えられます．その一つとして，個体数が増えると1個体が手に入れられる資源が減ることがあげられます．また，捕食者を介して影響が生じることも考えられます．いろいろな種類のエサを食べる捕食者のなかには，その時その時に数が多くて一番見つけやすいエサを狙って食べるものがいます．そのため，エサとなる生物の側からみると，自分たちの個体数が増えると食べられやすくなり，増加率が下がるのです．数が増えて同種の個体が互いに接触する機会が増えると，ストレスをひきおこすこともあります．ハタネズミの一種では，このような同種個体からのストレスによって繁殖率が下がることが知られています．また，スズメダイの一種では，個体数が増え，魚どうしのケンカの回数が増えると，産まれてくる仔魚のサイズが小さくなることがわかっています．

　図3・3に表されているのも負の密度効果で，ここでは，個体数と増加率の関係を直線的に描いていました．しかし，現実にはこの関係はもっと複雑です．たとえば，個体数が少ないときは捕食者から狙われにくく，ある数を超えると食べられるようになる場合，死亡率が急に大きくなり，それに伴い増加率もある数を越えたところで急に小さくなります．

　植物でも，個体数の増加は，同じ場所に生育するそれぞれの個体に大きな影響を及ぼします．植物は移動することができません．そのため，成長のために光や土壌中の栄養分などの資源を得るうえで，同種であれ他種であれ，自分の近くにいる個体と互いに大きく影響を与えあうことになります．また植物の体は，モジュールとよばれる基本単位（たとえば，1枚の葉とそれに付随する茎）の繰返しによってできています．そのため，イヌやヒトなどのように器官の数や配置が厳密に決まっている動物（単体型生物とよびます）と比べて，体の形をたやすく変えることができます．つまり，周りの環境に応じて，形やサイズを変えることができるのです．たとえば，同じ面積にたくさん（高い密度で）種子をまいた場合には，少しだけ（低い密度で）まいた場合よりも，成長後の1個体のサイズは小さくなります．その結果，ある程度以上の密度では，最終的な植物全体の重量（収量とよびます）は，面積が同じなら密度に関わり

なく一定となることが知られています. これを**最終収量一定の法則**とよびます. このような, 密度と1個体あたりのサイズの関係に関する知見は, 林業における人工林の間伐や農業における作物栽培などの技術にも応用されています.

3・2・6 アリー効果

負の密度効果とは逆に, 個体数が増えるにつれて増加率も大きくなることを, **アリー効果**, もしくは**正の密度効果**とよびます (**図3・7**). アリー効果が生じるメカニズムはいくつもあります. たとえば集団で協力して身を守ったりエサをとったりする動物 (§3・3・4参照) では, 個体数が増え集団が大きくなると, 死亡率が下がったりたくさんのエサを得られたりするので, 増加率が大きくなります. 繁殖を通じてアリー効果が生じることもあります. オスとメスのいる生物が子を残すには, 両性が直接出会うこと (別々の場所にいる場合は親が環境に放出した生殖細胞(配偶子)が出会うこと) が必要です. このような出会いは, 親世代の個体数が増え, 近くに異性がいる可能性が高まると起こりやすくなります.

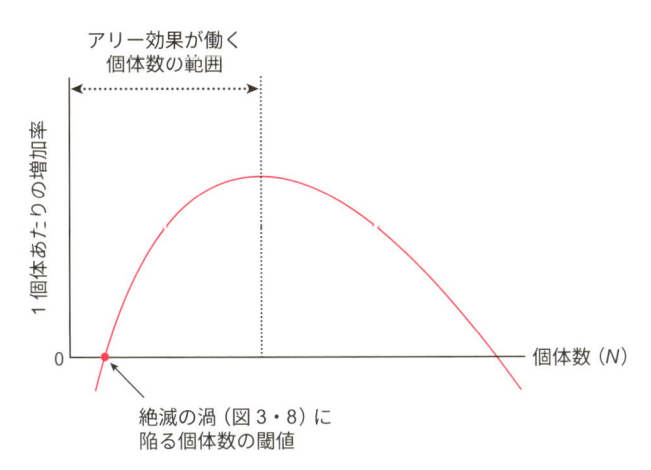

図3・7 個体数が少ない場合は, 個体数が増えると増加率も増えることがある (アリー効果)

　また，個体数が増えると，遺伝的な理由から生じる生存や繁殖への悪影響も小さくなります．個体群がごく少数の個体からなり，移出入がない場合，異性との出会いが血縁個体の間で起こる可能性が高まります．一般に，血縁個体どうしから生まれた子には，有害な性質が生じやすくなります．遺伝的形質のなかには，両親から同じ遺伝子を受け継いだとき（ホモ接合の状態）にだけ表現型に現れるものがあり，この性質を潜性とよびます*．このような潜性遺伝子のなかに生存率や繁殖率を低くするものがあったとしても，ホモ接合にならなければ悪影響は生じません．一方，血縁関係にある個体は同じ遺伝子をもっている可能性が高くなります．その結果，血縁個体どうしで交配して産まれてくる子の遺伝子の組合わせがホモ接合になり，潜性遺伝子のもつ悪影響が表現型に現れやすくなります．これを**近交弱勢**とよびます．多数の個体からなる個体群では血縁個体と出会う確率が低くなることで，近交弱勢が生じにくくなり，アリー効果が生じえます．

　さらに，個体数が増えるとオスとメスの数の比（性比）が偶然歪むことの影響も受けにくくなります．多くの生物にはオスとメスがいて，メスだけが子を残す能力をもちます．個体数がきわめて少なくなると，メスだけが子を残せることの影響が大きくなります．たとえば，小さな個体群で，ある世代に子が10個体生まれるとします．その種では生まれてくる子の性比が平均すると1：1だったとしても，1個体1個体がオス・メスどちらとして生まれてくるかは偶然によって決まります．そのため10個体の子がいつでもオス・メス5個体ずつで生まれてくるとは限りません．たとえば1個体だけがメスで，残り9個体がオスとして生まれてくる可能性も，計算上はおよそ100回に1回程度の割合で起こります．この場合，その次の世代に生まれてくる子の数は，オス・メスが5個体ずつで生まれてきたときと比べてメスが1/5しかいないので，単純計算で1/5になります．個体数が増えるとこのようなことは起こりにくくなり，増加率が小さくなりにくいと考えられます．

---

　*　以前は劣性とよばれていましたが，このような性質をもった遺伝子が劣っているという誤解を生むので，近年は潜性とすることが推奨されています．

3・2・7　絶滅促進要因と絶滅の渦

　アリー効果が生じる状況では，個体数が減ると増加率も小さくなります．増加率がマイナスの値になるほど個体数が減れば，"個体数が減る"→"増加率がさらに小さなマイナスの値になる"→"さらに個体数が減る"という悪循環が生じます（図3・8）．こうなると，個体群は自ずと絶滅へ向かうプロセスに入ってしまい，外部環境が良好な状態に保たれていても，絶滅を免れることはできなくなります．このプロセスを**絶滅の渦**とよびます．

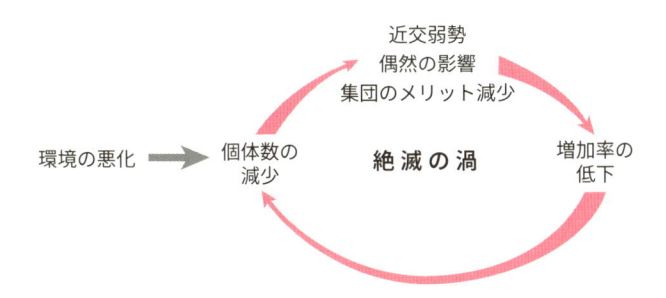

図3・8　絶滅の渦では，個体数が小さくなることがさらに個体数を減らす

　絶滅の渦に入らなくても，個体数が少ないこと自体が，絶滅のリスクを高くします．先に説明したような偶然の影響を受けやすくなるからです．先の例のように，小さな個体群で子が10個体産まれたときに，すべてがオス，またはメスになる可能性は500回に1回程度あります．それほど大きな確率ではなさそうにも思えますが，一度でも起こるとその個体群はそこで絶滅なので，無視できないリスクです．

　このことは，生物の生息地が何らかの理由で分断され，大きな個体群が複数の小さな個体群に分かれ，相互の生物の行き来が断たれると，絶滅のリスクが高まることを意味しています．全体でみれば個体数が同じであっても，一つ一つの個体群の個体数が小さくなるからです．また複数の個体群が存在していても，その間の移出入が起こらなくなった場合は同じように絶滅リスクが上昇します（図3・9）．離れた場所にある森林の間で動物の移動を可能にする緑の回廊を設置したり，淡水魚の遡上を助ける魚道の設置が行われたりするのは，このような絶滅リスクの上昇を回避するためです．

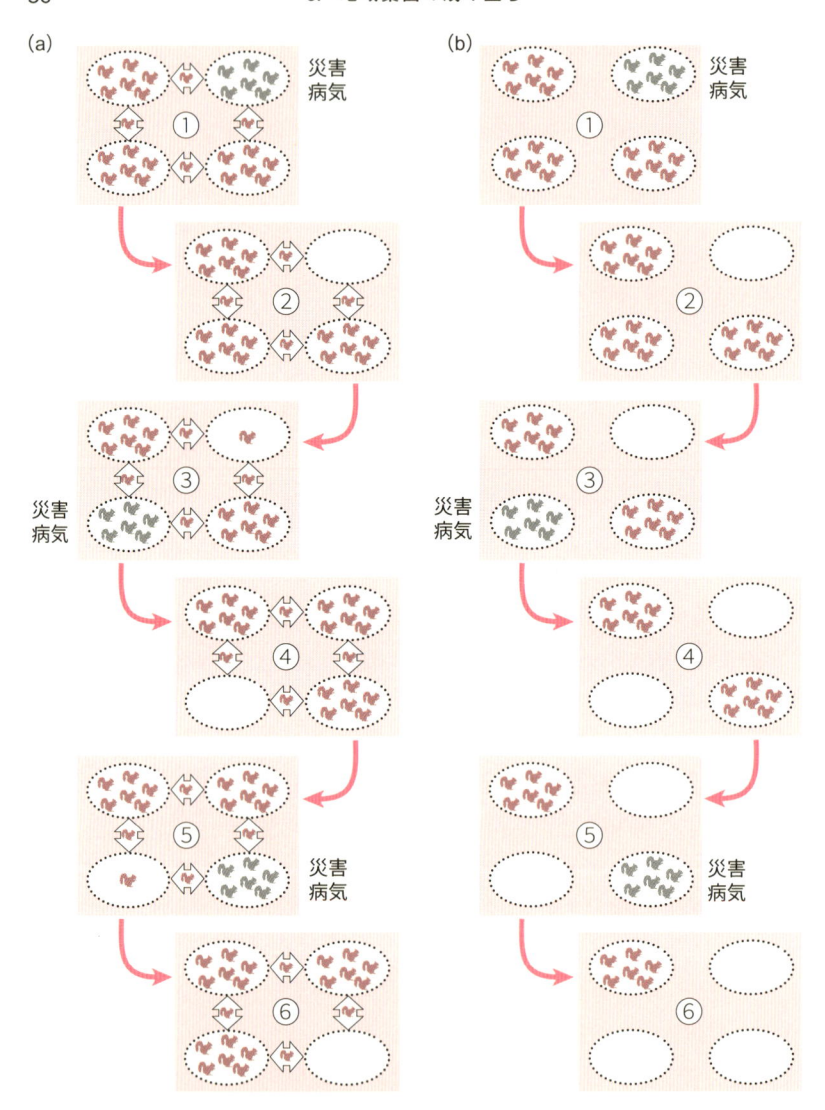

図3・9　生息地が分断されると絶滅リスクが高くなる　(a) 四つの個体群があって
相互に個体の行き来がある場合．①，③，⑤で災害や病気で一つの個体群が壊滅
することを示している．このようなことが起こっても他の個体群から移入が起こ
れば個体群は復活し，全体は持続性を保っている．(b) 四つの個体群の間の個体
の行き来が失われ，生息地が分断した場合．(a)と同様に①，③，⑤で個体群の壊
滅が起こった結果，全体でみると個体数が減ることになる．

3・2・8 メタ個体群：関係しあう個体群の全体をみる

　ここまではおもに一つの個体群について，その個体数の変化をみてきました．しかし現実には，一つの種の個体群は異なった場所でいくつも同時に存在し，それぞれの個体群の間では個体の移出入が起こっていることがあります（図3・1）．

　このような，個体が相互に移動できる小さな個体群（局所個体群）の集まりを**メタ個体群**とよびます．メタ個体群として全体をみるとき，個々の局所個体群を**パッチ**とよび，全体を均質なパッチからなるとはみなしません．メタ個体群を構成するパッチの一つ一つは消失したり新しく形成されたりを繰返しますが，全体としてのメタ個体群は持続性をもち，長期間存在します．

　たとえば，河原に好んで生育する植物の個体群を考えてみましょう．細かくみると，河原の環境条件（地形や地質，土壌の水分や栄養の状態，周囲の植物の種類など）は同じではなく，場所によって大きく異なります．そのため，この植物の個体群は，河原のさまざまな場所に散らばって存在します．この点在する個体群のなかには，環境の変化で徐々に個体数を減らしたり，川の氾濫で流されたりして，なくなるものがあります．その一方で，氾濫によってできた裸地などの新しい環境に，他の個体群から飛ばされてきた種子（種子散布）によって，新たな個体が入ってきて定着・繁殖し，新しい個体群となることもあります．このような場合，河原に点在する局所個体群の一つ一つをパッチとして，それらの全体をメタ個体群としてとらえることができます．

3・3　動物集団内の対立と協力

3・3・1　集団内の競争

　同種の個体が必要とする資源（エサや生息場所，繁殖相手など）は，まったく同じではないにしろ，よく似ています．このことは，同種の個体の間に，資源をめぐる競争関係があることを意味しています．競争は，個体どうしが同じときに同じ場所にいなくても起こります．たとえば，ある個体が生息地の一部を独り占めして，他の個体が近づいてこないような場合や，あるいは，ある個体がエサを食べて減らすことで後から来た個体のエサの量が減る場合などです．どちらの場合も，両者の間で目に見える争いは起こりません．しかし，両者は競争しているのです．

3・3・2 闘 争 行 動

　動物の場合，エサや繁殖相手を巡る競争関係にある個体どうしが出会うと，それぞれが資源を手に入れようとして争いが生じることがしばしばあります．しかしこのとき，相手に噛みつくなどの直接的な攻撃が起こるとは限りません．多くの動物は**儀式的闘争**とよばれる方法で争うからです．たとえば，北米に生息するアリの場合，別の巣から来た働きアリどうしが出会うと，それぞれ脚を伸ばして頭部と腹部を高く掲げます．体が大きいことをアピールしながら歩き回ることで争うのです．その間，物理的な攻撃はほとんど起こりません．

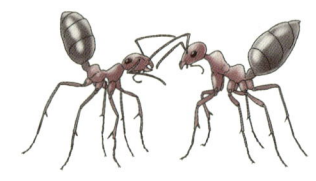

ミツツボアリの儀式的闘争

このように"儀式的"とは，相手に直接ダメージを与えない，その種に特有の決まった方法で行われる行動であることを意味しています．ですが，この行動も闘争の一種であることは，争ったものの間で勝ち負けが決まり，争った資源を勝者が得ることからわかります．

　争いを解決するために，儀式のようなやり方で闘争するのは，一見奇妙に思えます．しかし，これは直接攻撃しあうことから来るダメージを避けるという意味があります．自分が高い資源保持能力（わかりやすくいうとケンカの強さ．体の大きさや，角などの武器の大きさ，元気の良さなど）をもっていて，相手を直接攻撃すれば勝てる可能性が高くても，実際に攻撃すれば，自分もケガなどのダメージを負う可能性があります．自分が弱ければ，なおさらダメージを受けやすいでしょう．一方，攻撃の前にどちらが強いかがわかれば，勝ち目のない側が引き下がることでダメージを負うリスクを避けられ，強者弱者の両方にとって得になります．そのため動物は，儀式的闘争をすることで，互いの強さを伝えあうと考えられています．例にあげたアリの場合も，体の大きさを見せあっていると考えられます．

　両者の強さにあまり差がなく，儀式的闘争では勝負の決着がつかない場合があります．このような場合には，闘争は直接的な攻撃へとエスカレートします．このときの勝ち負けには，資源保持能力以外の要因も関係してきます．その一つが，勝ったときに得られる利益です．過去に勝利した経験が多い個体は，過去に負けた経験が多い個体より勝率が良くなること（**勝利者効果**）も，昆虫やクモ，脊椎動物といったさまざまな分類群で知られています．また，コモリグ

モのオスでは，繁殖パートナーを守る必要があると勝率が上がります．

　個性も，闘争における勝ち負けに影響します．イソギンチャクの一種では，刺激を受けて引っ込めた触手を再度伸ばすまでの時間が短い"大胆な"個体は，触手にある刺胞から撃ち出す毒を使って闘争するときに勝ちやすいことが知られています．

3・3・3 集団内の構造

　集団で生活する動物のなかには，互いの強弱がわかった後，弱い側が服従行動を行って攻撃を避けるものがみられます．たとえばアメリカザリガニのオスでは，強者が弱者と出会うとすぐに強者がハサミと脚を使って相手をひっくり返して腹側を上にし，オスどうしでメスと交尾するような行動（偽交尾）を試み，弱者は服従してこれを受け入れます．これは，儀式的闘争をするまでもなく，互いの強弱がすでにわかっていることを意味しています．このような強弱関係が集団内で確立した状態を，順位が成立した，といいます．これを，集団で暮らす個体の間に違いができてくる，つまり構造が生まれる，とみなすことができます．

　争いは他の形でも集団の中に構造をつくり出します．その例が，ある個体ないし群れが，他の個体ないし群れ（同種であってもなくてもよい）を攻撃して，ある場所に入ってこないようにする場合です．このようにして成立するのが**なわばり**で，エサを採るための採餌なわばりと，子をつくるための繁殖なわばりがあります．なわばりは必ずしもすべての個体がもつとは限りません．たとえばアユのなかには，なわばり個体のほかに，なわばりをもつことができず放浪個体となったり群れをつくったりして暮らすものがいます．

　個体群内の構造は個体数の変化を考えるうえで重要です．§3・2・4で，一時的に個体数が環境収容力を越えた場合に増加率がマイナスになり，個体数が大きく減る場合があることを説明しました．これは数が増えすぎたことの影響を，すべての個体が等しく受けることを前提としています．しかし，順位やなわばりが集団内にある場合は，その限りではありません．増えすぎの影響が，劣位の個体やなわばりをもてない個体に強く現れるかもしれないからです．これらの個体が子を残せなくても，優位な個体だったり，なわばりをもつ個体だったりが生存して繁殖すれば，集団全体の個体数は減らないでしょう．

　集団の構造は生息地内の個体の分布パターンにも影響します．なわばりがあると，個体ないし群れは生息地の中で互いに距離をとって分布することになりますし，優位な個体が生息に有利な場所を占め，劣位な個体が質の低い場所で暮らすこともあるからです．

3・3・4　群れと社会

　動物が複数集まってできる集団を**群れ**とよびます．群れの個体の間に何らかの違いに基づく構造がある場合，社会がある，といいます．前項で説明した順位はもちろん，オス・メスの違いや齢の違い，個性の違いも社会にみられる構造です．現実には，完全に均質な個体からなる群れは存在せず，群れと社会の区別は曖昧です．

　群れや社会で暮らすことには，資源を巡る競争関係が強まることや，病気の感染リスクが高くなるなどのさまざまなデメリットがあります．それにもかかわらず動物が集団で暮らすのは，そこにメリットがあるからです．その一つが，捕食リスクを下げる効果です．大勢で捕食者を警戒・監視することで，単独でいるより速く危険を見つけることができます．また，襲われたときに同時に逃げ出すことで，捕食者が目標を定めにくくなり，個体数が多くなるほど自分が食べられる危険性が低くなります．エサを探すときも，集団で行えば発見の可能性が上がります．気温が低いときに群れで集まっていると体温が奪われにくくなりますし，魚や鳥では，集団が移動するときに定まった陣形を組むことで，水や空気から受ける抵抗が小さくなって移動の際のエネルギー消費が小さくなるという利点もあります．

　また，個体どうしが協力することがあり，これも集団生活のメリットです．鳥が集団で騒ぐモビングのように，捕食者に対して協調して行動し集団で対抗するような場合や，役割分担しながら狩りをすることで単独では手に入らないエサを食べることができるような場合です．協力は，動物が社会を維持していくうえで重要だと考えられます．

　アリ，ミツバチなどの一部のハチ，シロアリ

サシバにモビングする
オナガの群れ

に代表される**社会性昆虫**や，一部のヨコエビ，ハダカデバネズミなどでは，子を産む能力を失った**ワーカー**階級（たとえばアリの場合の働きアリ）が進化しました．ワーカーは，女王とよばれる繁殖個体が産んだ子を育てたり，その他社会の維持に伴うさまざまな作業に従事したりします．このような不妊の個体がいる社会をもつことを**真社会性**とよびます．また，哺乳類や鳥，魚には，子が成熟し独力で自分の子を残す能力をもった後も親の元に留まり，親の子育てを手伝う種がいます．このような**ヘルパー**個体は群れを捕食者から防衛したりエサを集めてきて子に与えたりします．

3・3・5 血縁選択

なぜワーカーは不妊になり，ヘルパーは親元に留まるのでしょうか．ワーカーもヘルパーも，自分で子を産むことをせず，他の個体がよりたくさんの子を残せるようにふるまっています．このような，自分にとって損になり相手にとって得になるような行動のことを**利他行動**とよびます．しかし，ダーウィンによる古典的な自然選択説によると，自分の子を残すうえで損になるような性質は，その性質ゆえに集団中で増えていくことがないはずです．その行動が他の個体を助けるものであったとしてもです．では，なぜ利他行動を行う動物が進化してきたのでしょうか．

この問いに一つの答えを与えたのが，**血縁選択説**です．これは"自分の性質が世代を超えて集団に広がっていくことには，自分の子だけでなく，自分と血縁関係にある個体も貢献する"という考え方です．生物の性質は遺伝子によって決まっています．そして自分の性質を決める遺伝子と同じ遺伝子は，自分と血のつながりのある個体にも一定の確率で存在します（自分と兄弟姉妹が似ているのはそのためです）．このことは，自分の子でなくとも，血のつながる個体が増えれば，自分の性質を受け継ぐ遺伝子が増えていくことを意味しています．そのため，利他行動をひき起こすような，言い換えると，自分が産む子の数が減るような（その極端なケースが不妊のワーカーです）遺伝的性質でも，血縁個体を助けて適応度が上がるのであれば進化しうる，と考えられるのです．実際のところ，真社会性の種やヘルパーのいる種では，社会は血縁関係のある個体から成っていることが基本であり，多くの場合でワーカーやヘルパーは親を助けています．このことから，ここまで利他行動とよんできたものは，

利他行動が進化する条件

　血縁選択説によると，利他行動が進化するためには，$Br-C > 0$ という式で表現できる条件が満たされている必要があります．ここで B は Benefit という英語からきていて，利他行動を受ける個体が得る利益を表しています．C は Cost からで，利他行動する個体がこうむる損失（利他行動をしなければ得られたはずの利益）です．r は同じ祖先から受け継いだ遺伝子を共有する確率のことで，**血縁度**（英語で relatedness）とよばれます．

　たとえば自分が本来二人の子を残せるところ，それをあきらめて妹の支援に回ることで，妹が残す子の数が三人増えるとします．このとき，B は3で C が2です．r は，倍数性の生物（人間のようにオスとメスが半分ずつ出しあった染色体が，一つの受精卵に合わさって新しい個体が生まれる生物）の場合，兄弟姉妹の間では 1/2 にあたります．これは，親のもつ特定の遺伝子が子に渡る確率が 1/2 であることから，ある子に渡った遺伝子に着目して，親がその遺伝子を別の子 = 兄弟姉妹に渡した確率を考えると 1/2 になるからです．わかりにくいと思うので，下図 (a) を見てください．たとえば白い遺伝子は，子にみられる四つの遺伝子の組合わせのうち，1/2 にあたる二つの組合わせにだけ存在しています．さて，B が3，C が2，r が 1/2 ということは，$Br-C$ を計算すると，$3 \times 1/2 - 2 = 3/2 - 2 = -1/2 < 0$ となり，上の条件を満たしません．ここから，自分の子2人を諦めて兄弟姉妹の子を3人増やすような利他行動は

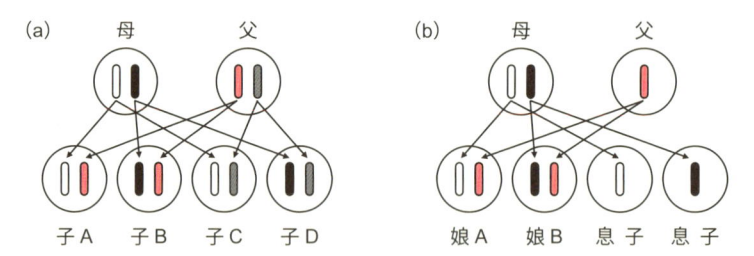

生物の繁殖における遺伝子の挙動の模式図　色の異なる長円は遺伝子を，矢印は親から子への遺伝子の受け渡しを表している．（a）倍数性生物の場合．子はAからDのいずれかのパターンで遺伝子を受け継ぐ．パターンAの子がもつ2本の遺伝子のうち片方（たとえば白）に着目すると，AからDのパターンをもつ兄弟姉妹が同じ遺伝子をもっている確率は 1/2 になる．（b）単数性生物の場合．娘はAないしBいずれかのパターンの遺伝子を受け継ぐ．ある娘がAのパターンをもっているとすると，その姉妹はAのパターンかもしれないしBのパターンかもしれないが，いずれの場合も，父から同じ遺伝子（ピンク）を受け継いでいる．そのため，ある娘からみた姉妹の血縁度は 3/4 になる．

進化しない，と考えるのが血縁選択説です．この式は，遺伝子の観点から行動の損得を考えたものだということができます．

　$Br-C>0$ という条件は，血縁度が大きければ満たされやすくなります．アリやハチは卵が未受精の場合は成長してオスになり，受精した卵はメスとして成長する，半倍数性の生物です．このようなタイプの生物では，メス姉妹の間の血縁度は3/4になります．メスの半分の染色体しかもたないオスがつくる精子には，オスの染色体がすべて入っています．そのため，姉妹は父親由来の染色体を100％共有し，人間のような倍数体の生物よりも血縁度が高くなります（図b）．このように血縁度が高ければ，上の例のように B が3，C が2であっても，$3×3/4-2＝1/4>0$ となって，利他行動が進化する条件を満たします．つまり，アリやハチではワーカーが進化しやすい条件になっている，といえます．

遺伝子のレベルでみれば，実は利他ではないということになります．

３・３・６　血のつながりのない個体の間でみられる協力

　利他行動は，自分が繁殖を控えることだけをさしているわけではありません．たとえばエサを他の個体に分け与える，群れの中で自分だけが捕食者を警戒して他の個体が安全にエサを採れるようにする，なども利他行動です．

　血縁選択で利他行動が進化するのであれば，助ける相手は血がつながる相手に限られるはずですが，現実にはそうでない相手にも利他行動が行われます．血のつながりのないヘルパーがいる社会は，脊椎動物のなかにはしばしばみられ，アシナガバチにも同じような現象がみられる種がいます．春になって越冬を終えたハチが新しい巣を作るときに，1個体で巣を作る能力をもつはずのアシナガバチの女王候補たちが，何個体も一緒になって巣を作ることがあるのです．血がつながっているわけではない女王候補のうち，最も優位な1個体だけが女王となって卵を産み，他のハチはヘルパーとなって子育てなどに従事します．

　このような血縁関係のない利他行動は，将来に何らかの利益を得るはたらきをもつ行動であると考えられます．たとえばヘルパーは，群れがもつなわばり

を将来のどこかの時点で受け継ぎ，自分が繁殖できるようになる可能性があります．アシナガバチの場合も，現在産卵を独占している女王が死ねば，替わりに産卵できるようになることが期待できます．

　生息地全体がすでに他の群れで埋め尽くされていて，単独で暮らそうとすると生き残りが難しく，ましてや繁殖できる可能性はほとんどない，という状況が自然界ではしばしばあります．この場合，血縁関係がない個体の群れであっても加入して生存を続け，自分が繁殖者になる機会を待つしかありません．このようなことから，ヘルパーが血縁関係にない他個体の子育てを助ける行動は，群れにとどまることを優位者に受け入れてもらう働きをしている，という仮説が成り立ちます．この仮説を pay-to-stay（とどまるために支払う）仮説といいます．

　一方，利他行動をした相手が将来お返しをし，その結果，互いが利益を得る，という**互恵的利他行動**もあります．この有名な例がチスイコウモリです．このコウモリはウシなどの哺乳類を見つけて，エサとして血を吸います．ですが，いつでも吸血対象を見つけられるとは限りません．そのため，ねぐらに戻ったコウモリのなかには，失敗してお腹を空かせた個体が混じることになります．このとき，血を吸うのに成功して満腹になったコウモリが，お腹を空かせたコウモリに，胃の中の血を吐きだして与えます．そして，この行動は血縁個体だけでなく，血のつながりのない個体に対しても起こるのです．ワーカーやヘルパーの場合は利他行動をする側の個体とされる側の個体は決まっており，たとえば女王がワーカーの子育てを助けることはありません．ですが，チスイコウモリの場合は，あるときに利他行動をする側だった個体が，別のときには利他行動をしてもらう側に回ります．

　チスイコウモリは空腹な状態に長期間耐えることができません．そのためお腹が空くと餓死寸前のピンチに襲われます．しかしそこで血をもらえれば，餓死に至るまでの時間が大幅に延びます．一方，満腹なコウモリが血を誰かにあげても，餓死するまでの時間はそれほど短くなりません．つまり，やり取りするエサの量は同じでも，空腹なコウモリが死を免れることで得る利益は，満腹なコウモリが被る損失よりも大きいのです（図3・10）．そのためコウモリがあるときに利他行動をして損をしたとしても，後にお返しを受けて利益を得れば，差し引きでプラスになります．ある日に満腹だったからといって次の日に

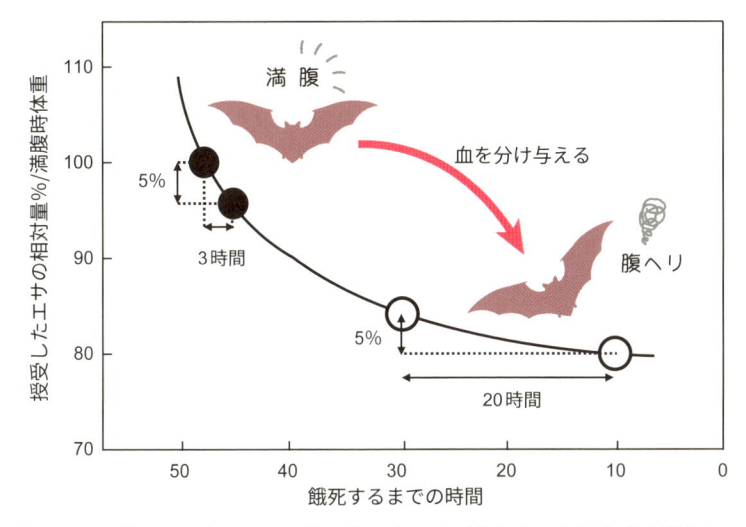

図3・10 貧しいコウモリは，豊かなコウモリが失うものより多くを得られる
図の曲線は，コウモリの満腹度合と餓死するまでの時間との関係を表している．この図では，満腹のコウモリが空腹の個体に満腹時の5%にあたるエサを分け与えたとすると，満腹個体は餓死するまでの時間が3時間短くなるのに対して，空腹の個体は餓死までの時間が20時間延びることが示されている．同じ量のエサでも，コウモリの状態によって利益が異なっていることがわかる．

もエサを見つけられるとは限りません．餓死の危機が迫ったときに誰かに助けてもらうことはきわめて大きな利益があり，余裕のあるときに施しをすることでいつか助けてもらえるのなら，安いものだといえます．

　この例からは，ある行動が利他的にみえるのは限られた短い時間で考えたときだけ，と解釈することができます．そのコストは将来の利益で賄われるので，ある瞬間に利他行動にみえるものは，長い目でみると，実は利他行動ではないと考えることもできるのです．このような互恵的（互いに得をする）メカニズムで"利他行動"が進化するためには，個体どうしの恩恵のやり取りが実現するよう，長い間関係が保たれる状況が必要です．また，利他行動を受けてもお返しをしない個体（フリーライダーとよびます）を見分けて，利他行動の相手から排除する能力も必要になります．受けた恩恵のお返しをしないフリーライダーが増えると，利他行動をする個体は増えないからです．

3・4 子孫を残す多様な戦略
3・4・1 あちらを立てればこちらが立たず

　生物が生まれてから死ぬまでに見せるすべての営みを生活史とよびます．た とえば動物であれば，どんなものを食べるか，昼行性か夜行性か，集団で暮ら すのか単独なのか，繁殖するまでどのくらい時間がかかるか，一生で何回・ど のくらい子を産むか，一回の繁殖で卵を何個産むか，寿命はどのくらいか，な どです．この生活史上の特徴は種によってさまざまです．たとえば一回に産む 卵の数でいえば，鳥の場合，キジバトでは 2 個ですが，たくさんのヒナを連れ て歩いているカルガモでは 10 個を超えます．このような生活史上の特徴は， 自然選択による進化によって形作られたと考えられます．なぜキジバトは 2 個 しか産まないのでしょうか．キジバトのなかに，カルガモのように一度に 10 個卵を産むような個体が現れれば，その子孫はどんどん増えて，2 個しか産ま ない他のキジバトたちを圧倒しそうです．しかし，現実にはそのようなキジバ トはいません．なぜでしょうか？

　それは，進化が，どんな性質でも自由につくりだす万能のプロセスではない からです．キジバトが 10 個の卵を産むためには，2 個産むときよりより何倍 ものエサを手に入れなくてはならないでしょう．しかし，エサを探している間 は天敵への警戒がおろそかになります．もし，10 個の卵を産むために，エサ を長い間探さなければならず，その結果，たとえば死亡率が 10 倍に上がるな ら，2 個産む個体の方が，より子を多く残せることは十分ありえます．これは， 卵の数を増やせば，親の生存率が下がってしまう例だ，といえるでしょう．

　このように，生活史にみられる特徴のなかには，一つの特徴が有利になると 別の特徴が不利になる，という関係がたくさんあります．このような，あちら を立てればこちらが立たず的な関係のことを**トレードオフ**とよびます．ある生

キジバト（左）とカルガモ（右）の親子

物の生活史が成立している理由を理解するには，その生物の暮らしにどのような トレードオフがあり，相反する二つの特徴の間でどのようなバランスがとられているかを知ることが必要です．トレードオフは，種間で生活史上の特徴が異なることを説明するだけでなく，同じ種の個体間の性質の違いである個性の進化についても説明できる，重要な概念だからです．

3・4・2 大卵少産か小卵多産か

　トレードオフが関係している別の例として，卵の大きさと一度に産む卵の数の間の関係を考えてみましょう．生物が繁殖に投じる資源の量には限りがあり，どのように分割するかで卵の大きさと数が決まると考えられます．たとえば生物が 100 の資源（たとえば卵に含まれる栄養分）をもっているときに，その資源を使って大きさ 100 の卵を 1 個つくることもできれば，その 1/100 サイズの小さな卵（大きさ 1）を 100 個つくることもできる，という具合です．前者が大卵少産で後者が小卵多産です．ほかにも大きさ 10 の卵を 10 個つくるような中間的なやり方をいくらでも考えることができますが，ここではこの二つのやり方に絞って考えていきましょう．ある生物にとってどちらのやり方が，子孫を残していくうえでより適しているのでしょうか？

　この問いの答えは，その生物が置かれている状況によって変わります．たとえば，体が大きくても小さくても捕食者に食べられる可能性に違いがなければ，小卵多産でたくさんの子を残した方が有利になるでしょう．一方，体が小さいと確実に捕食されてしまうけれど体が大きいと捕食者に対抗でき生き残る可能性があるのならば，大卵少産が有利になる状況が生じます．

　また，その生物がすでにたくさんいて，新しく生まれてきた子がわずかしか残っていない生息地を巡って争い，闘争に勝ったものだけが生き残るような場合は，体の大きな子のほうが有利でしょう．一方，そのような争いがなく，災害などの撹乱で一部の生息地に暮らす生物が根こそぎ死ぬことが頻発する場合は，たくさんの子を産んで生息地全体に広がって暮らすほうが有利でしょう．災害があっても一部の子が生き残るからです．このような条件の違いは，他の生活史上の特徴にも影響すると考えられます．たとえば，子が生息地を巡って争う必要がある場合は，子を産みっぱなしにするのではなく，ある程度大きくなるまで親が保護する子育て行動が進化してくることが考えられます．成長し

てから争いに臨む方が勝ちやすくなるからです．子育て行動が進化すれば，死亡率が高い未成熟な時期に親が子を守ることで，その生物の平均寿命は長くなるでしょう．

3・4・3 *r-K* 選択

　生態学では，生活史上のさまざまな特徴の組合わせを大きく二つに分けて考えることがあります．その一つは，資源の制約がないときに，個体数が速く増えることで有利になるもので，**r戦略**とよびます．それに対して，同種内の個体どうしの競争に勝ちやすくなることで有利になるものを，**K戦略**とよびます．それぞれの戦略が進化することを，**r選択・K選択**，といいます．このよび方は，§3・2・2のロジスティック式にならってつけられており，r選択は内的自然増加率（r）を高める進化，K選択は個体数が環境収容力（K）に近い状況で有利になる進化が起こることを意味します．

　§3・2・2では，個体数が環境収容力まで増えて一定になるという話がありましたが，これは理屈の上での話です．現実の世界では，捕食者に食べられたり環境が変動したりすることで，個体数が環境収容力近くで一定になるとは限らない場合があります．これは一部の個体が常に間引かれている状態といえます．このような，間引かれた分の個体数を早く回復する方が有利な状況下で，r選択は働きます．r戦略の特徴としては，小卵多産であること，（動物の場合）子育てに労力を投じないこと，速く成長すること，体が小さく繁殖を始めるまで短時間で済むこと，繁殖するときには資源をすべて1度に投入し，終われば死ぬこと（生涯で1度しか繁殖しないこと．その結果寿命は短い），などがあげられます．一方，K選択が働く状況では，r戦略とは逆の特徴が有利になります．つまり，大卵少産であること，子育てを行うこと，ゆっくり成長すること，体が大きく繁殖を始めるまで長い時間がかかること，繁殖は生涯で何回も行い寿命が長いこと，などです．誤解を恐れず喩えを使うなら，r戦略は質より量を，K戦略は量より質を重んじる戦略ということができます（**表3・1**）．

　このようなr戦略とK戦略という見方は，動物だけでなく，植物の生活史を理解するうえでも役立ちます．さまざまな植物の生活史をみてみると，発芽後1年にも満たないうちに1回だけの繁殖を行って枯死する一年草（一年生植物）のような種が存在する一方で，樹木のように長い年月を生き，生涯に何回

も繁殖を行う種も存在します．たとえば，街中の空き地や，建物が取壊された あとの更地といった裸地的な場所をいち早く占有する，いわゆる雑草とよばれ る植物の多くは，典型的なr戦略の種とみなせます．これらは，氾濫原や荒れ 地などの撹乱の大きい環境に適応してきた植物であり，鬱蒼とした森林の中な どでは生きていくことができません．反対に，安定した環境に生きる極相林 （§4・7・3参照）の樹木などは，K戦略の種であるとみなせます．このように みると，一般に，植生遷移の初期段階に出現する種はr戦略的で，後期段階に 出現する種はK戦略的であるということができるでしょう．

表3・1 r戦略とK戦略の特徴の違い　あくまで大ざっぱな傾向であることに注意.

	r戦略	K戦略
進化しやすい環境	変化が激しく，予測しにくい	安定しているか，変化があっても予測しやすい
成長速度	速い	ゆっくり
体の大きさ	小さい	大きい
寿命	短い	長い
繁殖のしかた	小卵多産	大卵少産
繁殖回数	1回繁殖	多回繁殖
子育て（動物の場合）	無し	有り
分散能力	高い	低い

　もちろんこれは大まかな傾向にすぎず，すべての生物をr戦略の種とK戦 略の種に2分することはできません．むしろこの二つを両極端として，一つ一 つの種はその間のどこかに位置しているといえます．また，分類群が大きく違 う2種を比べてr戦略かK戦略かを考えるのはあまり意味がありません．た とえば，子育てする魚のイトヨは，子育てせず産みっぱなしのイシガメと比べ て何倍もたくさんの卵を産みますが，体の構造も生活史もあまりに違うため， 一概に比較することはできないからです．

3・4・4 繁殖戦略

　生活史のうち，特に生物が子孫を残す方法のことを**繁殖戦略**とよび，これも

また種によってさまざまです．たとえば，オス，メスがいて，両者が生殖細胞を出しあって繁殖する有性生殖のほかに，オス・メス2個体を必要としない繁殖方式もあります．その一つが無性生殖で，単細胞生物の分裂や，プラナリアや一部のイソギンチャク，挿し木や地下茎，根で増える植物などのように，多細胞生物の体の一部が本体から離れて，親とまったく同じ遺伝的性質をもつ別の個体として育つものです．また，メスがつくった卵が受精することなくそのまま成長して新しい個体を生み出す単為生殖も，1個体で繁殖できる方法です．単為生殖を行う生物で代表的なものはアブラムシです．アブラムシでは，有性生殖を行って越冬のための卵を産む時期と，親と同じ形をした子を産む単為生殖を行う時期の両方をもつ種が多くみられます．また，有性生殖でも，1個体がオス・メス両方の繁殖器官をもつ雌雄同体の生物がいます．植物では一つの花におしべとめしべがある種や一つの株に雄花と雌花がある種のように広くみられますし，動物でも，ミミズやヒルといった環形動物，アメフラシやカタツムリなどの軟体動物，節足動物のフジツボなど，さまざまな分類群でみられます．

　魚には，小さいころはオスとして繁殖していた個体が，成長につれてメスになって卵を産むクマノミや，逆にメスだった個体がオスに変わるホンソメワケベラのように，性転換をする種類がみられます．これは，同時ではないものの，1個体がオスとメスのいずれのやり方でも繁殖するので，雌雄同体の一つの形といえます．

　クマノミはオス1個体とメス1個体がつがいをつくって繁殖する一夫一妻制の社会をつくります．この2個体が残すことのできる子の数は，メスの体の大きさによって決まります．つがいが残す子の数は，メスが腹部にどれだけの卵を抱えられるかで決まり，体が大きいメスほど多くの卵を抱えられるからです．オスのつくる精子は卵と比べてサイズが

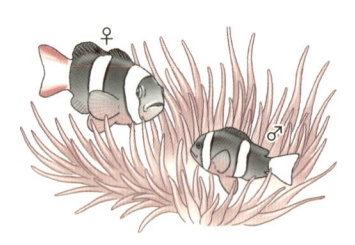

クマノミはつがい相手のメスが死ぬと，オスがメスになる

うんと小さいので，オスが大きかろうと小さかろうと卵に比べて大量に存在します．ですので，オスの大きさはつがいが残す子の数とは無関係になります．このため，大小2個体のクマノミがいたとき，大きな個体がメスとして産卵し，

小さな個体がオスとなる方が，小さな個体がメスになるより，つがいが残す子の数が多くなるのです．このつがいで，メスが死んだ場合，残されたオスは自分より小さな未成熟のクマノミとつがいをつくり，自分はメスに性転換し，未成熟の個体はオスとして成熟します．

　一方，ホンソメワケベラは，なわばりをつくって，1個体のオスが複数のメスとつがい関係をもって暮らしています．このような社会を一夫多妻制とよびます．このような社会ではオスはメスの数倍に及ぶ子を残すことができるので，その地位を巡って潜在的な争いが生じます．そして，動物の争いでは体の大きな個体が勝つことが一般的です．そのため，もし小さなホンソメワケベラがオスとして繁殖しようとしても，争いに負けてできないと考えられます．そのため若くて体が小さいときはメスとしてなわばりに入って繁殖するほうがよいのです．そうして時間が経って体が大きくなり，群れのなかで一番大きくなれば，オスに性転換し，たくさんのメスに自分の子を産んでもらいます．こうすることで，クマノミもホンソメワケベラも生涯を通じて残す子の数を増やしていると考えられています．

　自然選択による進化は，よりたくさんの子を残す性質が増えていくことで生じます．一方，ここでみてきたように，多くの子を残すためのたった一つの優れた戦略が存在するわけではありません．それぞれの生物はそれぞれの置かれた環境に応じた多様なやり方で子を残しているのです．

生物種間の関わりあい

 4・1　生物の関係: 食う−食われるから共生まで

　同種の個体間でさまざまな関わりあいがみられるように，同じ場所に暮らす異なる生物種の個体間にも多様な関わりあいがみられます．関わりあいをもつ以上，何らかの影響を与えたり受けたりすることがしばしばあります．異種の個体間の関わりあいであっても，それがある一定の時間持続することで，双方もしくは一方の個体群の増減や消失，さらには進化（形質の変化）にも影響を及ぼすことがあるのです．

　この影響は，子を残すことにより自分の遺伝子をどれだけ残せるかという観点（適応度の観点）からみた利害（損得）の結果として考えるとわかりやすいです．たとえば2種の生物の間に，**食う−食われる**という関係があるとします．食うことは栄養を得ることになるので，生存力が高まる，あるいは生産する卵数が増えるなどによって，自分のもつ遺伝子をより多く残せることになります．つまり，食う側にとってこの関係は得（プラス）であるといえます．一方，食われる側は死んでしまうので，当然自分のもつ遺伝子を残すことはできず，損（マイナス）となります．この2種間の関係を（＋/−）と示しましょう．このように，種間の関係をプラスやマイナス，さらには得でも損でもない場合を0で示すと，その組合わせは以下に示す6種類になります．それぞれみていきましょう．

4・1・1　プラスとマイナスの関係（＋/−）

　先に述べたような食う−食われるの関係は，草食動物と植物，肉食動物と草食動物，などの生物間にみられます．この関係は，生物個体が生きていくためのエネルギー摂取や，生態系におけるエネルギーの移動を理解するうえでも基

本となる関係です。ただしこの関係は，食ってしまえば食われた個体は消滅するため，個体間の関係としては短期的です。もう少し長期的な関係は**寄生**とよばれます。寄生者の多くは宿主を殺しはしないものの，宿主のもつ栄養分を横取りしたり，体をむしばんだりすることで宿主にマイナスの影響を与えます。ヒトとサナダムシの関係などがわかりやすい例です。サナダムシに寄生されると，食物として摂取した栄養がサナダムシに搾取されて，自身は衰弱することがあります。また，ヒトとインフルエンザウイルスなどの病原体の関係も寄生とよべるでしょう。ただし，寄生者のなかには宿主を殺してしまうものもあるので，寄生と食う-食われるの関係を明確に線引きすることは難しいです。

4・1・2　マイナスとマイナスの関係（－/－）

　食物網の図（図5・1，図5・2参照）をみると，しばしばある生物種を複数の生物がエサとして食べることがあることがわかります。この"食う"側の生物どうしでは，とりわけエサの量が不十分な状況では相手がエサを多く食べてしまえば，自分の食べるエサが減ってしまいます。この関係は種間競争とよばれ，競争がないほうがより多くのエサを得られるでしょうから，互いにとってマイナス（－/－）です。また，植物は他の生物を食べませんが，ある植物が成長して葉を広げると，影をつくって他の植物にあたったはずの光を奪います。つまり植物の間にはエサの代わりに光をめぐる競争が存在します。

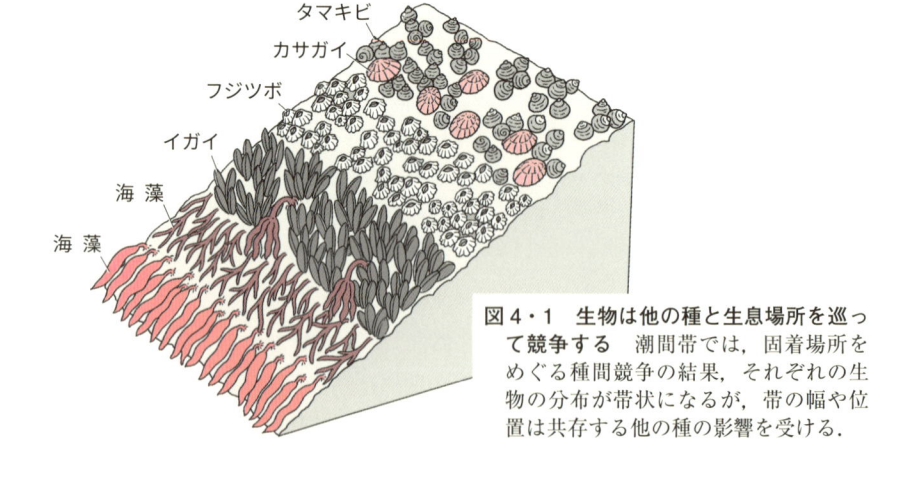

図4・1　生物は他の種と生息場所を巡って競争する　潮間帯では，固着場所をめぐる種間競争の結果，それぞれの生物の分布が帯状になるが，帯の幅や位置は共存する他の種の影響を受ける。

　同様のことは，“住”に関してもいえます．生息に適した場所に限りがある場合は，同じような生息場所をめぐって種間競争が生じます．たとえば，潮間帯（満潮では水没し干潮では干上がる海岸部分）では，岩などに固着するイガイやフジツボなどが観察されます．このような場所では高さによって干上がっている時間が異なり，干上がる時間が長いほど高温にさらされたりエサを摂取できない時間が長くなるため，環境としては厳しいといえます．生物種によってそのような環境に耐えられる能力は異なるので，生物種ごとに水平方向に帯状に生育可能場所が存在しています．しかし，実際にどの高さに分布するかは，共存している他の種との関係で決まります（図4・1）．これは，“住”をめぐって競争が生じていて，必ずしも最適な場所を占めることができないためです．

4・1・3 プラスとプラスの関係（＋/＋）

　互いに相手の存在により適応度が増加する関係を，**相利共生**とよびます．相利共生の身近な例としては，動物による**送粉**や**種子散布**などがあげられます．送粉では，花を訪れる動物にとっては花の蜜や花粉の一部が報酬になっている一方で，植物側にとっては花粉を別個体の雌しべに運んでもらえるという利益があります．種子散布では，鳥や哺乳類は果実を食べて栄養を得る一方，植物はそれらの動物が種子を飲み込んで移動した後に糞と一緒に排泄されることで，種子を広範囲に分散することができます．ほかにも，サンゴと褐虫藻，イソギンチャクとクマノミなどが相利共生の例としてよく知られています．

4・1・4 プラスとゼロ（＋/0），ゼロとゼロ（0/0），
ゼロとマイナス（0/−）の関係

　これらの関係は，それぞれ**片利共生**，**中立**，**片害共生**とよばれます．片利共生の例としては，コバンザメと大型魚（サメなど）がよく知られています．コバンザメは大型魚の腹部に付着して一緒に移動することで，外敵から身を守ったり食物を得たりすることができるという利益がありますが，大型魚には特に得も損もないと考えられます．また，先に相利共生の例として種子散布をあげましたが，オナモミのように動物の体に付着して散布される種では，動物側は特に何の利益も得ておらず，オナモミだけが得をしている片利共生であると考えられます．片害共生の例としては，潮間帯に生息するスナモグリと底生生物

があげられます．スナモグリは砂泥地に穴を掘る際に，いらない砂を巣穴から吹き上げます．それにより周囲が砂に埋もれてしまうことはスナモグリにとっては何の利害もありません．ですが，そこに生息する底生生物，とりわけ泥底から海中に水管を伸ばして水を取込んで食べ物や酸素を得ている貝類の稚貝は，埋もれてしまうと窒息死しやすく，マイナスの影響を受けるでしょう．また，哺乳類などが昆虫や草本を踏みつけて殺してしまうような場合，哺乳類にとって何の利害もありませんが，踏みつけられる生物にとってはやはりマイナスでしょう．中立は，関係性はあるものの互いに何の利害もない状態をさします．理屈上は考えられるのですが，生物同士は何らかの影響を与えあっていることがほとんどなので，実際中立だと判断することは難しいでしょう．

　さて，これらの関係を座標軸にとってみてみましょう（図4・2）．片利共生や中立のような一方あるいは双方の利害が0という関係は，非常に狭い範囲のもので，0とみなしている利害がちょっとでもプラスやマイナスであれば別のカテゴリーになってしまいます．実際，そのプラス・マイナスを判断しているのは人（多くの場合研究者）であり，存在している利害を単に見つけ出せてい

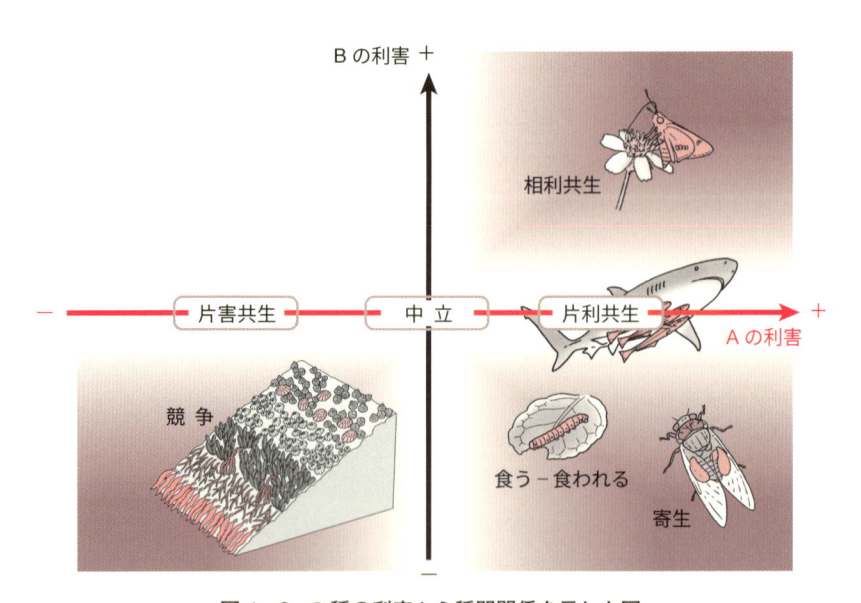

図4・2　2種の利害から種間関係を示した図

ないだけかもしれません．また，異なる場所では異なる関係性をもっていることもあります．つまり，利害関係は不変的なものではなく，またこれらのカテゴリーの境界もはっきりしていないのです．

たとえば，花を訪れる昆虫は，花粉を運ぶのであれば相利関係のパートナーといえますが，実際にはよく調べてみないと，花粉を運んでいるかどうかはわからないことも多いです．花粉を運ばずに花蜜だけ得ているのであれば片利関係かもしれないし，さらにその昆虫のせいで花蜜が減ると，花粉を運ぶ訪花昆虫まで減ってしまいます．その結果種子をつくるのに十分な花粉が運ばれない状況に陥ってしまうのであれば，（＋／−）の関係といえます．

さて，ここまで共生という言葉について，説明なく用いてきました．**共生**という言葉は，"一緒に生活している"という意味で，それ自体は利害を意味していません．共生と寄生が対比されるような使い方をされることがありますが，寄生は共生の一形態です．そして，"一緒に生活している"ならば相互作用が存在するはずだ，その関係性における利害関係はどうなっているのだろう？ という問いが立てられてきました．その答えとして，相利共生や片利共生というふうに"利害関係＋共生"とよばれることが多いです．ただし，寄生共生とはいいません．

4・2　種間関係と進化

種間の関係が，互いにプラスやマイナスの影響を与えることは理解していただけたことと思います．このような影響のために，短い時間スケールでは個体数や集団数の増減が生じます．たとえば，シカが増えてシカによる食害が多くなると，短期的にはその場所に生えている草本が減ってしまうことが予測されます．一方で，もう少し長期的に考えると，進化的な現象，つまり色や形，行動などの形質が変化することがあります．たとえば，シカの食害が多い地域では，少しでも食べられにくい形質（味やトゲなど）をもつものが生き残りやすく，種内でもそのような形質をもつものが増える，つまりその種の形質が進化すると予測されます．また，このような進化の結果，関係性のあり方そのものが変化することもあります．そのような例をいくつかみていきましょう．

4・2・1　関係性が続いているなかで生じている進化

　種間関係において一方がマイナスの影響を受けている場合，その種にとってはマイナスを少しでもゼロに近づけられれば，それだけ有利になります．食う−食われるの関係においては，食われる側は"より食われにくい"個体が生き残りやすくなります．そのために"より食われにくい"形質をもつ個体が相対的に増えます．§2・3・3で紹介したオオシモフリエダシャクの例が，まさにそうです．

　一方，プラスの影響を受ける側も，プラスがより大きくなることは有利です．たとえば，食う側でも"より食べ物を得やすい"個体が生き残って，そのような性質をもつ個体が相対的に増えるということが起こりえます．たとえばニセクロスジギンポという魚のヒレをかじって食べる魚は，"より食べ物を得やすい"個体が生き残った結果として，ホンソメワケベラにそっくりな見た目と行動をとる，つまりホンソメワケベラに擬態するという進化を遂げました．ホンソメワケベラは，大型の魚の寄生虫を食べたり体表面の掃除をしたりする魚です．大型の魚はホンソメワケベラが近づいても追い払うこともなく，されるがままになっています．このように両者の間には相利的な関係がみられます．この関係性を利用して，ニセクロスジギンポはより食べ物を得やすく進化したのです．

　次に，競争関係の中では，どのような進化が生じているのでしょうか？　種間の競争は，利用できる生息空間やエサが似ている種どうしほど激しいと考えられます．この"利用できる範囲"は**ニッチ（生態的地位）**とよばれます．つまりニッチが近いものほど競争は激しくなり，共存が難しくなります．逆にいうと，種間でニッチの重なりが減れば競争は弱まり，共存しやすくなります．ニッチの重なりが減少する方向に形質が進化することを**形質置換**とよびます（**図4・3**）．ここではダーウィンフィンチという鳥のグループの例をあげます．1982 年にガラパゴスの大ダフネ島に数羽のオオガラパゴスフィンチが移入してきました．この種はハマビシ属の種子を食べ，元来この島に生息していたガラパゴスフィンチと競争関係にありました．ハマビシ属の種子は島に存在する種子のなかでも固くて大型であり，それを食べる両種は共に大きなくちばしをもっていました．その後，オオガラパゴスフィンチは個体数を増やしていったのですが，2003〜2004 年の干ばつで種子の供給が減ったときに，両種の個体

数は激減しました．そして生き残ったガラパゴスフィンチの平均的なくちばし
のサイズは小さくなりました．これは，より小さな種子を消費するのに適した
小さなくちばしをもっているガラパゴスフィンチの個体が生き残ったためだと
考えられます．一方，オオガラパゴスフィンチでは生き残った個体のくちばし
のサイズは死んだ個体と変わりませんでした．その結果，両種のくちばしサイ
ズの差異は大きくなりました．つまりニッチの重なりが減少する方向にくちば
しサイズが進化したのです．

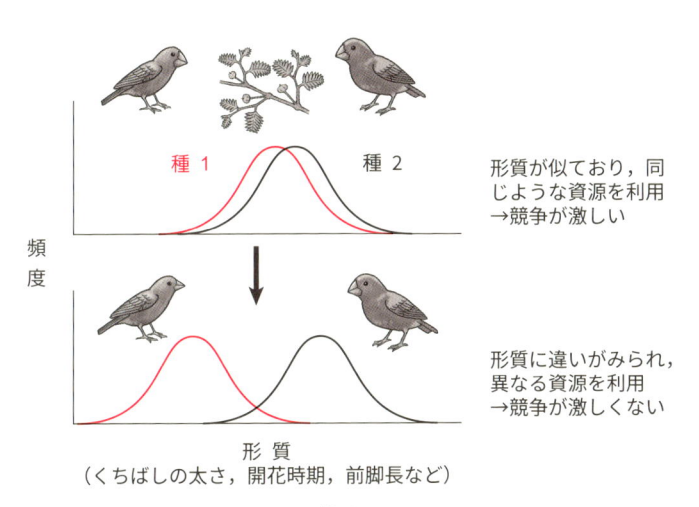

頻度

種 1　　　種 2

形質が似ており，同
じような資源を利用
→競争が激しい

形質に違いがみられ，
異なる資源を利用
→競争が激しくない

形 質
（くちばしの太さ，開花時期，前脚長など）

図4・3　ニッチを分ければ争わなくていい　同じエサを奪い
あうなどの競争の要因となる形質が変化（進化）すれば，
競争が弱まり，両種とも生き延びやすくなる．

4・2・2　関係性の変化を伴う進化

　相利共生の進化をもっと大きな時間スケールで考えてみましょう．送粉にみ
られる相利共生（＋／＋）の関係は，もともとは昆虫が胚珠や花粉を食べるた
めに訪花していた食う‐食われる（＋／−）の関係から進化してきたと考えられ
ています．最初はマイナスの影響を受けていた植物が，報酬となる花蜜をつ
くったり，花粉を昆虫の体表に付着しやすくするような形質をもったりする進
化を遂げたことで，関係性が変化しました．つまり，送粉という種間関係は“昨
日の敵は今日の友”のように変化して生じた関係であるといえます．

　一方で，反対方向の関係性の変化も起こっています．送粉や菌根菌のような相利共生関係では，互いが利益を得ているので，その関係は安定的であるように思えます．しかし実際には，相利共生関係にある2種のいずれにおいても種内でプラスがより大きくなることは有利であるため，進化は引き続き生じています．その結果相手にとってプラスだった状態がマイナスになることも起こりえます．たとえば送粉系では，植物が報酬を出さない"だまし送粉"という例が確認されています．報酬を出さなければ昆虫は訪花しないのではないかと思うかもしれませんが，昆虫の学習能力や経験値が低いうちに訪花してもらったり（たとえばシランのようなラン科植物），報酬に似せたダミー（たとえばマタタビの雌花がもつ，報酬となる栄養価の高い花粉をもたない葯）を提示したりして，花粉を運ばせることに成功しています．報酬をつくらなければ，その分の栄養を使って種子を増やすことができます．このように，植物がプラス方向の進化を遂げた一方で，送粉昆虫にとってはマイナスの関係になっています．このような"裏切り"の進化は植物と菌類の関係でもみられます．ギンリョウソウのような菌寄生植物とよばれる植物は，光合成を行わず，菌類に栄養分を供給することなく菌根を形成しています．おそらく菌類にとっては利益がなく，祖先は相利（＋/＋）関係だったものが，寄生（＋/－）に進化したものだと考えられます．

Box 4・1

宿 主 の 操 作

　寄生の関係では，寄生者がよりプラスが大きくなるような進化を遂げた結果，宿主を操るという現象が知られています．よく知られた例は，カマキリやカマドウマに寄生するハリガネムシです（図）．水中で孵化したハリガネムシの幼生は，カゲロウやトビケラなどの水生昆虫の幼虫に食べられ，それらが成虫となって陸上でカマキリやカマドウマなどに食べられることによって，カマキリやカマドウマの体内に移動します．ハリガネムシは交尾や産卵を水中で行うため，宿主を操作して入水させ，体内から脱出します．ちなみにこの話は2種間の関係だけにとどまりません．このような操作によって，川に飛び込んだカマドウマは，アマゴなどの川魚に食べられることになります．つまり行動操作によって，川の魚が陸の昆虫を食べるという新しい関係が生まれ，陸上生態系から河川生態系に栄養が供給されることになるのです．

トウダイという植物に寄生したサビキンは，訪花性の昆虫を利用して自身の胞子を他の植物に運ばせます．そのために，宿主の茎の先端を花のような構造に変化させ，さらに匂いや蜜も宿主に生産させます．カワラナデシコに感染した黒穂病菌は，宿主に花粉をつくらせず，ふつう花粉が詰め込まれているおしべの葯（やく）の中を，自身の胞子でいっぱいにして，訪花した昆虫に胞子を運ばせています．

　宿主の性を変えてしまう細菌もいます．ボルバキアとよばれる細胞内共生細菌が宿主に共生すると，共生した宿主が遺伝的にオスであってもそれをメスに変えるという例が，ヨーロッパのオカダンゴムシ（日本のものではみられない）やキタキチョウとボルバキアの関係で確認されています．ボルバキアは母親経由でしか子に伝わらないため，メスに変えてしまうことはボルバキアにとっては好都合です．細胞内共生といえば，ミトコンドリアもその一つです．ミトコンドリアはもともと原核生物で，真核生物の祖先の細胞内に共生してミトコンドリアになりました．『パラサイト・イヴ』という小説では，ヒトのミトコンドリアが“宿主”であるヒトを支配しようとするのですが，それに似た例は植物でみられます．カワラナデシコやハマダイコンではミトコンドリアの遺伝子に変異が生じることで，花粉がつくられなくなります．ミトコンドリアは，胚珠経由でしか子孫に DNA が伝わらないため，花粉をつくらず，その分多くの胚珠をつくれるのであれば，より多くのミトコンドリアを残せることになります．

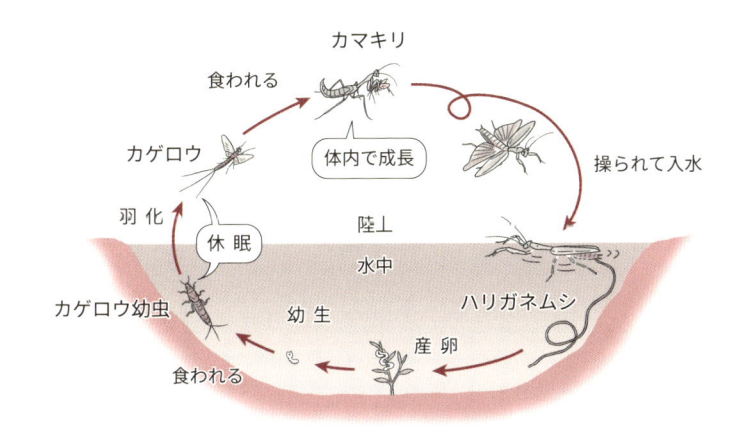

ハリガネムシの生活環

4・3 共 進 化

4・3・1 軍拡競争と送粉共生系

　食う–食われるの関係においては，食われる側は"より食われにくい"形質が進化すると先に述べました．鳥のような捕食者とオオシモフリエダシャクの関係で，このような進化が生じた場合には，鳥は別のエサを食べるなどの策がありえます．そのため，オオシモフリエダシャクが捕食者に与えるマイナス効果は限定的でしょう．一方，ツバキと，ツバキの種子のみをエサとするツバキシギゾウムシの場合では状況が異なってきます．ツバキシギゾウムシは象の鼻のような細長い口吻でツバキの果皮に穴を開け，種子まで到達した穴に産卵します．孵化した幼虫は種子を食べることで成長します．この食う–食われるの関係の中で，マイナスを小さくするためにツバキは果皮を厚くするという進化をしました．すると，ゾウムシは果皮を突き抜け種子まで到達する穴を開けられる長い口吻をもつものだけが子を残せるので，より長い口吻が進化します．これは，強い関係をもつ2種間においてみられる**共進化**（一方が進化すると，それが引き金となってもう一方も進化する）とよばれる現象です．敵対する2国が互いに軍備を増強することにたとえて軍拡競争とよぶこともあります．このような進化は，どちらかの種でそれ以上進化するとかえってマイナスの影響のほうが大きくなるところまで続きます．

　共進化は，送粉のような相利共生（＋/＋）関係においても知られています．マダガスカルのアングレクム・セスキペダレというランは花蜜が先端に入っている距とよばれる部分が20 cmを超えるほど長いです（**図4・4**）．つまり，20 cmを超える口吻をもつ動物しか花蜜を得ることができません．そのような動物の存在を予言したダーウィンの死後，実際にキサントパンスズメという20 cmを超える口吻をもつスズメガがこのランを訪れて花蜜を吸っているところが発見されました．ランは，距が長くなることで確実にスズメガの頭部に花粉をつけたり，頭部についた花粉を受け取りやすくなったと考えられます．

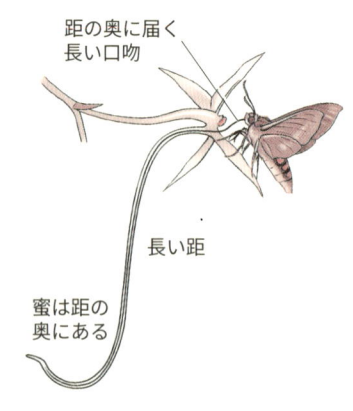

距の奥に届く
長い口吻

長い距

蜜は距の
奥にある

図4・4　ランとススメガの共進化

一方で，スズメガは口吻が長い個体のほうがより多く花蜜を得ることができる
ため，口吻が長い個体が生存のうえで有利になります．この繰返し，つまり共進
化により，今ではランはこのスズメガにしか送粉を頼れなくなり，スズメガもこ
のランの花蜜だけをエサにしているという1対1の関係が進化したのでしょう．

4・3・2　共 種 分 化

　細菌の仲間には，細胞内共生や腸内共生など，生活史のほぼすべてを宿主の
体の中で過ごすものがいます．これらは次世代に伝わる際にも，宿主の産卵を
通じて伝わっていきますし，宿主と一緒に移動分散もします．その結果，宿主
が何らかの要因で種分化が生じて2種になると，共生細菌の遺伝的交流も宿主
2種それぞれの種内に限定されてしまい，その結果共生細菌も同様に種が分岐
していくことになります（図4・5）．このようにして種分化のパターンが同じ
になる現象を**共種分化**とよびます．

　また，関係性が1種対1種に特殊化している他の例でも共種分化が知られて
いるものがあります．鹿児島や沖縄に行くと，空中に根（気根）を垂らしたガ
ジュマルやアコウという植物が生育しています．これらはイチジクの仲間で，

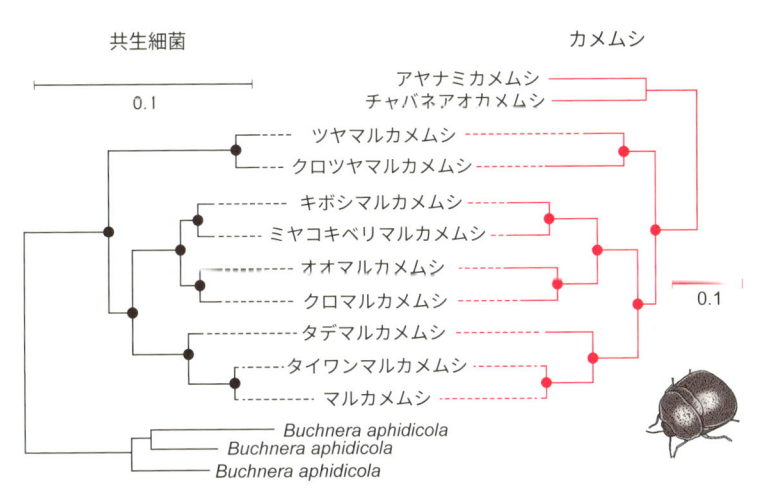

**図4・5　互いを唯一の相手として必要としあう2種は，同じタイミングで種分
化する**　互いの存在が欠かせないマルカメムシ（右の系統樹）とその共生細菌
（左の系統樹）の種分化のパターンは一致している．バーは遺伝領域あたりの
塩基置換率（§2・3・7参照）である［Hosokawa, t., *et al.*, *PLoS Biol.*, 4, e337 より］

花は花のうとよばれる構造（イチジク同様の袋状の構造）の中にたくさんあります．そしてイチジクコバチとよばれるハチのグループが花粉を運んでいます．このハチは送粉しつつ花に産卵し，幼虫はそこで育ちます（図4・6）．そして，1種の植物を送粉するハチは1種という関係にあります．ハチは花のうの中で交尾してから花を出ていくので，ハチが訪花し産卵するかどうかが，ハチの交配集団の範囲を決め，同時に植物の交配集団の範囲も決めることになります．その結果ハチの種分化と植物の種分化が連動して生じたと考えられます．

　昆虫では腸内や細胞内に共生する細菌についてさまざまなものが知られています．たとえばアブラムシのなかには，共生細菌によってエサとして利用できる植物の範囲が決まっている種がいます．ソラマメヒゲナガアブラムシは通常はシロツメクサを利用できないのですが，シロツメクサを利用するエンドウヒゲナガアブラムシの共生細菌を取込ませるとシロツメクサがある程度利用できるようになります．つまり，共生する細菌によって，今まで食べられなかった植物を利用できるようになった，という可能性が考えられるのです．

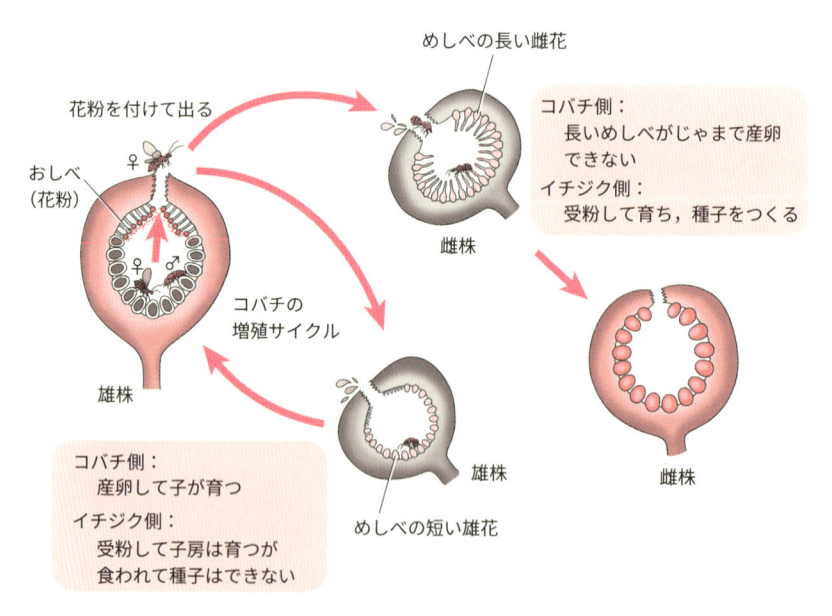

図4・6　イチジクコバチの生活史

4・4 種間関係に介在する化学物質

　生物間の関わりは，当然ながら他種他個体を感知することから始まります．その際にヒト以外の動物では，色・形（視覚）や音（聴覚）以上に化学物質（嗅覚）が手がかりとなることが多いです．たとえばヘビは舌を使って獲物の匂いを感じとり，近づいていきます．この場合，獲物の出す匂い物質は，ヘビにとってはプラスに働いていますが，放出した獲物にとってはマイナスです．種内の個体間で働く化学物質を**フェロモン**とよびますが，種間の個体間で働く化学物質も役割に応じた名称があります．関わりあう2種は，一方が化学物質の発信者，他方が受信者ということになります．発信者と受信者双方にとってプラスに働く物質を**シノモン**といいます．たとえば，送粉者を誘引する花の香り物質はシノモンといってよいでしょう．一方，発信者にとってプラスだが，受信者にとってマイナスな物質を**アロモン**といいます．植物が植食性昆虫に食べられないように進化させた防御物質（たとえばウリ科植物のククルビタシン）などがそれにあたります．逆に発信者にとってマイナスですが，受信者にとってはプラスに働く物質を**カイロモン**とよびます．ミジンコのなかには，捕食者が水中に放出する物質を感知して，食べられにくい形態に変化するものがいるのですが，この際に捕食者が水中に放出する物質がカイロモンです．

　このように関係性を示す用語は便利で，同じ物質が異なる種間で異なる関係性をもたらすことがよくわかります．たとえば，ウリ科の葉を好んで食べるウリハムシには，前述のククルビタシンは摂食の引き金となる物質となるため，ウリ科植物はウリハムシに食べられることになります．つまり，ククルビタシンは多くの植食性昆虫にとってはアロモンですが，ウリハムシにとってはカイロモンです（図4・7a）．また，ホソヘリカメムシに寄生するカメムシタマゴトビコバチは，ホソヘリカメムシの放出するフェロモンを感知して宿主を探索します．つまり，この種間関係においては，フェロモンはカイロモンとして働いています．

　植物の世界も同様です．トウモロコシ，ソルガム（モロコシ）の寄生植物であり，アフリカで猛威を奮っているストライガは，宿主植物の根から放出されるストリゴラクトンという物質によって宿主植物の存在を感知し，発芽して寄生します（図4・7b）．宿主植物がなぜそのような物質を放出するのかという

と，この物質がアーバスキュラー菌根菌との共生を促進するからです．つまり
ストリゴラクトンは菌根菌との関係においてはシノモンとして働いています
が，ストライガとの関係においてはカイロモンとして働いています．

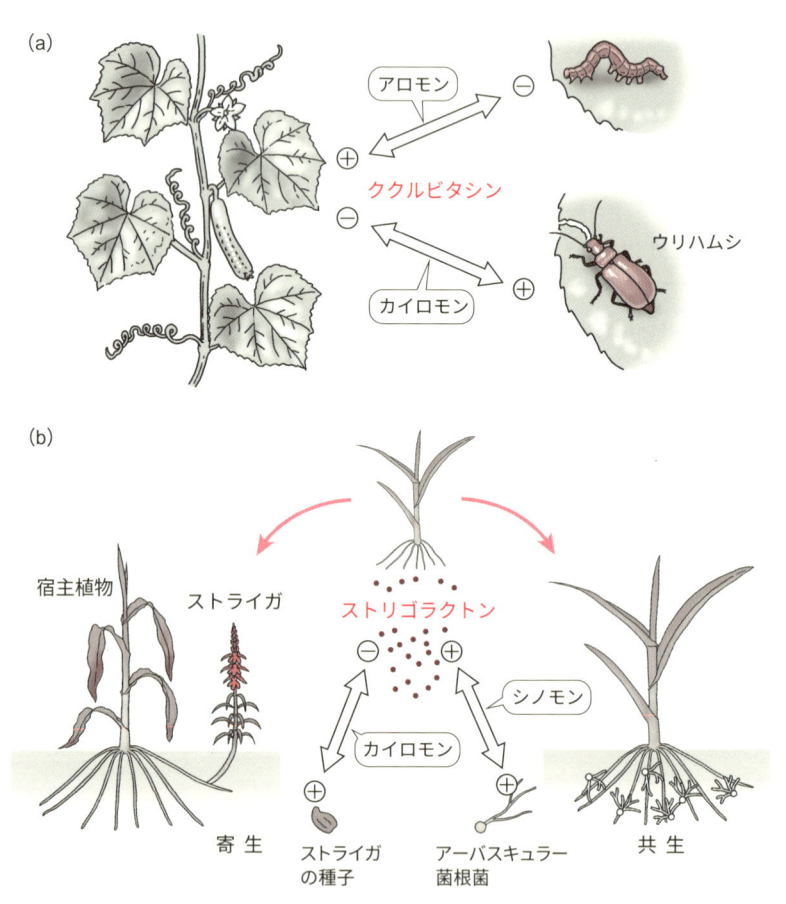

**図4・7　生物間で情報を伝達する際に用いられる物質は異なる種間で異なる役割
をもつことがある**　(a) ウリ科のつくるククルビタシンという物質は多くの昆虫
にとって有害であり，ククルビタシンの存在はウリ科植物にとってプラス，昆
虫にとってマイナスである．一方，ウリハムシには毒として働かず，むしろ摂
食の引き金となるため，ククルビタシンの存在はウリ科植物にとってマイナス，
ウリハムシにとってプラスである．(b) 宿主植物はアーバスキュラー菌根菌と共
生関係をもつためにストリゴラクトンを放出するが，ストライガはストリゴラ
クトンにより寄生する植物の存在を"嗅ぎ"つける．

Box 4・2

微生物との種間関係

　中学校理科で学ぶ生態系では，生物の死骸や動物の排出物を分解する生物として，微生物（菌類や細菌類）が登場します．この関係では，死骸や排出物を分解される側は特にマイナスとなることはないのに対し，微生物側は栄養を得られてプラスになるわけなので，片利共生です．しかし実際には，微生物と動植物がもっと密接に共生することで，より直接的に関わりあっている例がたくさんあり，そこには寄生や相利共生のような関係もみられます．

　細菌の一種である根粒菌は，マメ科の植物と出会うことによって，マメ科の根に根粒を形成し，植物から直接光合成産物である糖類をもらう代わりに，植物に必要な窒素化合物を供給します．これは相利共生（＋/＋）の関係です．また，陸上植物の9割が，**菌根菌**とよばれるさまざまな菌類と菌根を形成しています．ここでも，菌根菌が土壌のリンなどを植物に供給する一方で，植物が直接糖類を与えるという相利共生関係が成立しています（図）．種特異性が低くいろいろな植物と関係を築くアーバスキュラー菌根菌というグループもあれば，マツタケのように特定の植物（アカマツ）と関係をもつ菌根菌もあります．

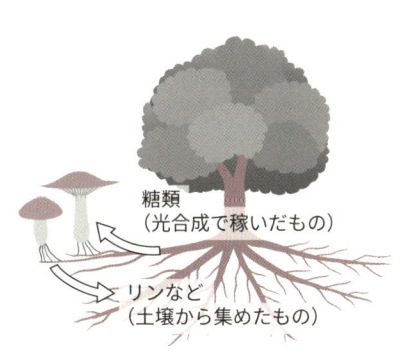

糖類
（光合成で稼いだもの）

リンなど
（土壌から集めたもの）

植物と菌類は土の中で相利共生的な関係を営んでいる

　微生物と動物の関係の例としては，まず腸内細菌があげられます．私たちの体内にも何10兆とも何100兆ともいわれる腸内細菌が生息しており，総重量は1kgを超えるといわれています．これらは私たちの消化管内で栄養と生息場所を得ている一方で，病原体の侵入を防いだり，ビタミン類を生成したりすることで私たちにプラスのはたらきをしています．また，草食動物の多くは，セルロースなどの繊維を分解して栄養としていますが，その分解を行うのは草食動物のつくり出す酵素ではなく，胃や腸に共生する微生物のもつ酵素です．

4・5 "生物群集"とは？

　地球上には，北極や南極などの極地から赤道直下の熱帯，ヒマラヤ山脈の上空からマリアナ海溝の海底など，さまざまな環境に実に多様な生物が生息しています．陸域生態系で最も生物多様性の高い地域の一つである東南アジアの熱帯雨林では，わずか 1 ha（100 m×100 m）の面積に 100 種を超える樹種が生育しています．これは日本の温帯林の約 10 倍の種数です．

　生物がいるところには，さまざまな生物間相互作用がみられます．たとえば植物は，地上では光，地下では水や栄養塩類（Box 5・2 参照）をめぐって，同種や他種との間で競争しています．このように，ある一定の場所に生活するさまざまな種類の植物・動物の個体群が集まって形成される生物の集合を**生物群集**とよびます．生物群集のすべての構成種は，他種とさまざまな関係をもちながら生活しています．

　地球上にみられる森林，草原，砂漠，湖沼，海洋，都市などの生態系を見渡してみると，ある生態系でよくみられる生物種が，他の生態系でまったくみられないことに気がつくでしょう．親子で引っ越す姿がたびたび報道されるカモの一種カルガモは，池や小川，水田などの水辺でよくみられる鳥です．しかし，ホーホケキョとさえずる鳴き声で知られるウグイスは平地から山地の森林，特にササが生えているような森林でみられます．つまり，私たちは異なる場所には異なる生物種，さらにはそれらの組合わせである生物群集が成立していることを日常的に目にしているのです．

　一方，同じ生態系内の近接した場所で，環境条件が似ているのに，そこにみられる生物群集は異なることもあります．たとえば，農地は野菜や穀物などの作物を生産する場なので，農作物の収量を上げるために，光や栄養分などの条件をよくする必要があります．その結果，自然環境と比べると光や栄養塩類などの条件は比較的均一になっています．しかし，畑の雑草や水田の植物プランクトンなどの生物群集は近接した場所であっても大きく異なることがあります．環境条件が似ているのであれば，よく似た生物群集が成立してもよさそうなものです．それにもかかわらず，生物群集が異なるということは，生物群集の構成種は単なる偶然で決まっている，ということなのでしょうか．

Box 4・3

撹乱はなくてもありすぎてもダメ

撹乱とは，気象の変化，火山の噴火や地滑りのような地質的変化，人為的な環境改変などにより，個体群や生物群集を含む広い意味での生態系に著しい変化をもたらす環境条件の一次的な変化をいいます．撹乱には大きく三つの要素があります．サイズ（発生する個別の撹乱の面積），頻度（一定期間における発生回数，たとえば，一年あたりに生じる確率），強度（物理的な破壊度合い，つまり単位面積あたりに破壊される生物体の量）です．撹乱が生物（ないし生態系ないし多様性）に与える影響は複雑です．

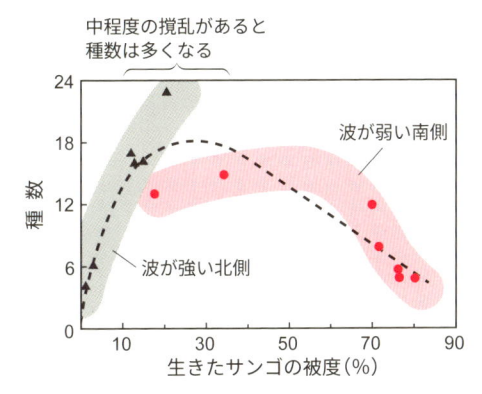

中程度の撹乱で種数が最大となる　グレートバリアリーフ，ヘロン島のサンゴ礁外側斜面のサンゴの種数と生きたサンゴの被度．台風の被害を受けにくい南側斜面（●）では生きたサンゴの被度が高く，受けやすい北側斜面（▲）では生きたサンゴの被度が低い．[J.H. Connell, *Science*, **199**, 1302（1978）より]

図はオーストラリアのグレートバリアリーフ南部に位置するヘロン島のサンゴ礁に出現した生きたサンゴの被度（海底面を覆う割合）とサンゴの種数の関係を示しています．南側斜面（●）では，台風による波浪が弱く，サンゴが破壊されにくいため，生きたサンゴの被度は高くなりました．一方，北側斜面（▲）では，波浪が強い場所ほど，生きたサンゴの被度は低くなりました．この図からサンゴの種数が少ないのは，波浪が弱い場所と強い場所の両方であることがわかります．これはサンゴの被度が高い場所では，定着場所をめぐる種間競争による競争排除（§4・6参照）が生じやすく，サンゴの被度が低い場所では，そもそも定着しているサンゴの種数が少ないためだと考えられます．結果的にサンゴの種数が最大になるのは，中程度の被度のときです．

　撹乱の頻度や強度が小さすぎると，競争的優位種が他の弱い種を排除してしまいます．一方，撹乱が大きすぎても，撹乱自体の影響で絶滅する種が増え，かえって多様性が低下してしまいます．結局，中程度の適度な頻度や強度で撹乱が起こる状況で種多様性は最大になります．これは，**中規模撹乱説**とよばれ，サンゴだけではなく，陸上植物や海藻など固着生物を中心に確認されている現象です．

4・5・1　生物群集の成り立ち

　生物群集のことを考えるときには，動物，植物，菌類など多種多様な分類群の生物種すべてを対象とすることが理想です．ですが，それは数が多すぎて現実的には無理なので，何らかの基準によって分けたグループを対象に考える場合がほとんどです．たとえば，生物群集を構成する特定の分類群，樹木群集や鳥類群集などを対象とする場合があります．また，生物群集の中で，特定の相互作用で結びついたグループ（§4・1参照），捕食者とそのエサとなる動物，植物とその花粉を運ぶ送粉者，植物とその種子を運ぶ種子散布者，植物の葉を利用する植食性昆虫などを対象とする場合もあります．生物群集内の特定の分類群や相互作用で結びついたグループに注目することで，生物群集の成り立ちに影響を与える要因がみえてきます．他種との種間競争や捕食などの生物的要因や火山の噴火や洪水，地滑りなどの非生物的要因（生態系に外部から大きな影響を与える要因）をまとめて撹乱といいます（Box 4・3）．そして，ある場所に生物種が到達できるか否かに関わる分散要因などがおもな要因となります．たとえば，熱帯雨林と砂漠に成立する植物群集の違いは，非生物的要因である年間降水量の差異からある程度，説明することができます（図5・15参照）．また，生物的要因も重要です．§4・2でシカの採食圧が植物の形質を進化させることにふれましたが，シカはその場に生育する植物の種構成にも影響を与えます．シカが高密度で生息する地域では，シカが好んで食べる植物種が減少する一方，シカが好まない植物種やシカの採食に耐えることのできる植物種が増加する現象がみられます．こちらはシカの採食行動という生物的要因から，その地域の植物群集の種構成を説明することができます．

4・5・2 生物群集の種多様性

生物群集の中の特定の分類群，たとえば，森林を構成する樹木群集に対象を絞ったとしても，その種数はまだまだ多いです．調査区として設定した一定面積内にみられる樹木は数種から数十種，ときには数百種に及ぶ場合があります．このような複雑な生物群集を理解するための手法の一つが，生物群集を構成する種数や個体数を指標とすることです．

ある一つの生物群集を種でみたときの豊富さの程度を意味する概念の一つが，**種多様性**です（§1・2・2参照）．種多様性の第一の基準は，生物群集を構成するすべての種の数です．対象が植物群集であれば，ある場所に生育する植物の種数を意味します．しかし種数が同じでも，種多様性が常に同じであるとはいえません．種多様性には**均等度**というもう一つの基準があります．均等度はそれぞれの種の個体数の偏りを表す指標です．

図4・8の仮想的な二つの生息地AとBの樹木群集を例に考えてみましょう．生息地AとBに出現した樹種はいずれも同じ種1〜種4の計4種です．しかし，生息地Aでは，種1が100個体中97個体を占めており，残り3種は1個体ずつしかみられません．一方，生息地Bでは，各種25個体ずつみられます．この二つの生息地を歩いてみると，生息地Aでは出会う樹木のほとんどが種1ですが，生息地Bでは，少し歩けば違う樹種に出会うことになります．そのため，ほとんどの人は生息地Aよりも，4種の個体数が均等にみられる均等度の高い生息地Bのほうが多様な生息地に感じられるでしょう．すなわち，種多様性は種数と均等度という二つの異なる要素からなる概念なのです．

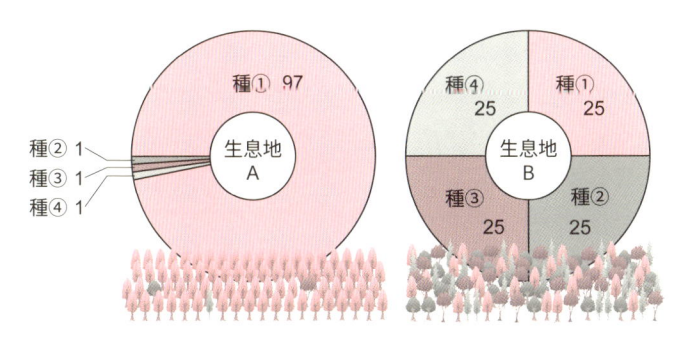

図4・8 同じ種数でも森の見え方はずいぶん違う 同じ4種の樹木で構成された2種類の生息地AとBにおける各種の個体数.

　種多様性という概念を理解するうえでもう一つ重要なことは，種多様性は空間スケールによって評価が大きく異なる点です．小面積の区画を基準としてみたときには種多様性の高い群集であっても，それを含むより大面積の視点（生息地全体など）においても種多様性が高いとは限りません．小区画内の種多様性が高くても，小区画間の種組成が似ていれば，生息地全体の種多様性は高くならないからです．

4・6　多様な生物はなぜ共存できるのか
4・6・1　種間競争と競争排除則

　自然界では，多くの個体は限られた資源をめぐり競争しています．異なる種の間で起こる競争のことを**種間競争**といいます．他種が存在することで，ある種の個体群の増加率が低下することを意味しています．また，それぞれの種が必要とする資源の要素と生存可能な条件の組合わせを**ニッチ**（**生態的地位**）とよびます．たとえば，樹木を生息場所として利用する鳥種であれば，よく利用する高さ，そこで食べているエサのサイズや種類などがニッチとなります．

　種間競争が生物群集に与える影響を知るために，さまざまな実証実験が行われてきました．図4・9(a) は，貯蔵穀物の害虫であるコクヌストモドキ（コウチュウ目に属する体長数ミリメートルの昆虫）の近縁な2種を，29.5 ℃ の温度条件のもと，5%のパン酵母を混ぜた小麦粉の中で飼育した結果です．800日後には，コクヌストモドキはヒラタコクヌストモドキを圧倒し，絶滅に追いやってしまいました．また，図4・9(b) は，ゾウリムシ属に属する単細胞生物の近縁な2種，ゾウリムシとヒメゾウリムシを培養液で一緒に飼育した結果です．それぞれの種を単独で飼育した場合は，両種ともにある一定の個体数を保ちます．しかし，2種を一緒に飼育した場合では，8日目まではゾウリムシが個体数を増やしました．その後，ヒメゾウリムシが個体数を増やし始めると，ゾウリムシは個体数を減らし，結局，24日後には消滅してしまいました．このように限られた資源，あるいは同じニッチをめぐって2種類の生物が競争したとき，片方の種が排除されることがあります．このことから，"同一のニッチを共有する2種は，その平衡状態において長くは共存できない"という**競争排除則**が見いだされました．

　競争排除則は生物群集がどのような種から構成されているかを考える際に重

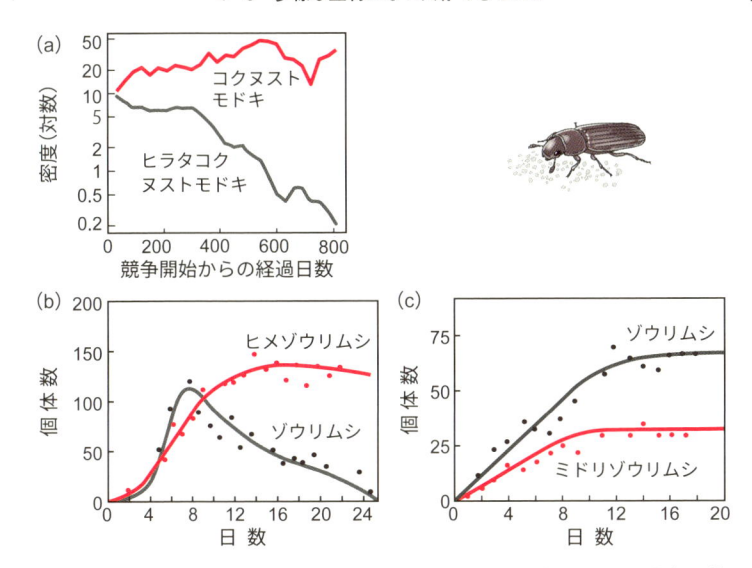

図4・9　共通の資源を利用する2種が共存できない場合とできる場合　種間競争の実験．競争排除により一方が絶滅する場合 (a, b) と，共存が起こる場合 (c)．(a) 2種のコクヌストモドキ，(b) ゾウリムシとヒメゾウリムシを一緒に飼育するとゾウリムシが消滅する．(c) ゾウリムシとミドリゾウリムシを一緒に飼育すると共存が続く．[M. Begon, J.L.Harper, C.R.Townsend, "Ecology: Individuals, Populations, Communities", 2nd Ed., p.243, Blackwell (1990) より]

要です．§4・2で説明した形質置換は，競争排除則が進化に影響したことで生じる現象です．形質置換の場合は，競争している2種のニッチの重なりが進化によって小さくなり，競争が弱まり共存が起きやすくなる状況が生まれました．本項では，競争の強さと共存できるかどうかの関係を，ニッチの重なりの視点からもう少し詳しくみてみましょう．ニッチは，利用できる生息空間や摂取できるエサの種類や形質などによって決まります．少し難しい言い方ですがそれぞれの種が必要とする資源の要素と生存可能な条件の組合わせ，ということもできます．

　図4・10 に示した模式図では，ある種AとBが利用する餌サイズと活動できる気温を指標として，この二つを組合わせたニッチを，種Aと種Bそれぞれ正方形の領域で示しています．種Aは種Bよりも小型のエサを利用し，種Bが活動できない気温の低いところにも活動できる領域があります．一方，種Bは種Aよりも大型のエサを利用することができ，種Aが活動できない気温

の高いところにも活動できる領域があります．ここで，互いのニッチが重なり合うところ（図の中央の重複エリア）で種間競争が起こり，ニッチの重なりが大きい種の間では種間競争が厳しくなるといわれています．図4・10の例では，二つの要素しか考えていませんが，生物的・非生物的要因を増やすことで（たとえば，よく利用する高さ，エサ，時間など），ニッチは3次元，4次元……と多次元で表すことができます．

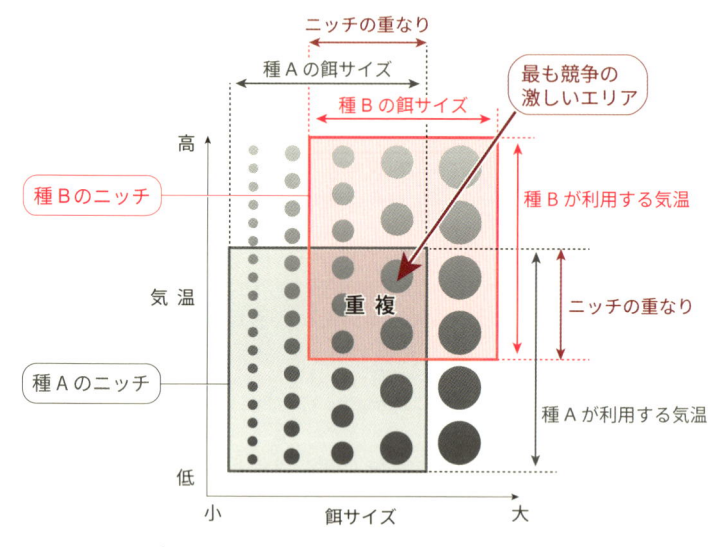

図4・10　それぞれの種が必要とする資源の要素と生存可能な条件の組合わせ
ニッチを表す模式図．ハッチンソン（G.E. Hutchinson）によるニッチ概念を模式化したもの．二つの資源軸（餌サイズと活動できる気温）により規定される空間に，種Aと種Bの占めるニッチが記されている．両種の利用資源が重複する範囲（図の中央部）が広いほど，ニッチの重複度が高い．

　2種が，互いのニッチが重なり合うところで競争する場合，共存できるかどうかは，種内競争と種間競争のどちらの程度が強いかで決まるとされています．同種の個体間の競争（種内競争）のほうが種間競争よりも激しければ2種は安定的に共存することができます．つまり，他種よりも同種の仲間のほうが個体数増加の妨げとなる場合は，2種が共存することができるのです．一方，他種の存在が同種の仲間よりも個体数増加の妨げとなる場合には，他種の影響

をより強く受ける種が絶滅してしまいます．図4・10でいえば，図中で重複と
書かれた範囲が大きいほど，種間競争の程度が強いのです．

4・6・2　生物群集の多種共存機構

　前項をふまえて，多種の共存がどのようなときに可能なのかを整理してみま
しょう．図4・10の重複の範囲が小さくなれば，競争排除は起こらないといえ
ます．餌サイズと活動領域の両方が2種で異なれば，重複はなくなりますし，
エサをめぐる競争があっても，つまり横軸に示された"ニッチの重なり"が大
きくても，縦軸に示された"ニッチの重なり"が小さくなれば，重複の範囲は
小さくなります．このように，ニッチの重なりが小さくなることで，多種が共
存できている状態を**ニッチ分割**とよびます．

　実際，同じニッチを占めているようにみえる生物種が共存している事例も知
られています．図4・9(b) で示したのは，ゾウリムシとヒメゾウリムシの間
で競争排除則が働いた様子です．一方で図4・9(c) に示すように，ゾウリム
シをミドリゾウリムシとともに，大腸菌と酵母を混ぜた培地で飼育すると，ゾ
ウリムシは浮遊層で大腸菌を食べ，ミドリゾウリムシは底層で酵母を食べるよ
うになります．両種ともに単独培養時と比べ，個体数は低下したものの，それ
ぞれの種が異なる空間で，異なるエサを利用することで，両者は共存すること
ができたのです．

　ニッチ分割は，2種のゾウリムシ類を用いた単純な実験系だけではなく，野
外の生物群集でもみられることがいくつかの事例で報告されています．マッ
カーサー（R.H. MacArthur）は米国の針葉樹林に生息する昆虫食の小型鳥類で
あるアメリカムシクイ5種のニッチについて調査しました．それぞれの鳥種が
針葉樹のどの高さを利用しているのか，その利用時間と利用頻度を詳細に記録
しました（図4・11）．これら5種のアメリカムシクイがよく利用した高さは
多少の重複がありながらも，違っていました．すなわち，同じ場所で生息する
種間では，空間的なニッチをずらすことによって，針葉樹という共通の採餌環
境で共存していることを示しています．

　本節では，ニッチの概念をベースとして，種間競争による競争排除が生じて，
どちらかの種が絶滅する場合やニッチを分割することにより，種間で資源利用
に差異が生じ，共存する場合について紹介しました．また撹乱や捕食が生じる

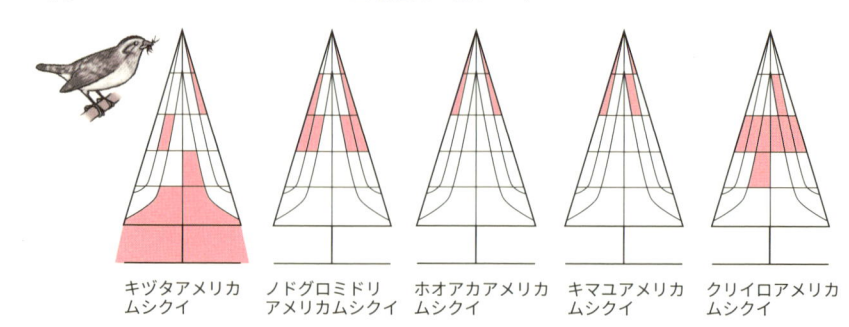

| キヅタアメリカ
ムシクイ | ノドグロミドリ
アメリカムシクイ | ホオアカアメリカ
ムシクイ | キマユアメリカ
ムシクイ | クリイロアメリカ
ムシクイ |

図4・11　同じ木の中でもよく使う場所は種によって異なる　針葉樹に同所的に生息する5種のアメリカムシクイの仲間のすみわけ．各図とも，1本の木の高さを3m単位に区切り，枝の内側に3層構造があると仮定して，模式的に描いたもの．木の中心より左側は利用時間を，右側は利用頻度を基準として示してある．着色部はおもな利用時間や利用頻度を示し，それぞれ上位から順に50%を超えるまでの区間を含む．［R.H. MacArthur, *Ecology* **39**, 599（1958）］

ことで，競争排除が妨げられ，結果として，複数種が共存する仕組みなどを紹介してきました．生物群集における多種共存機構は地球上のさまざまな環境下でみられる生物群集の形成過程の解明だけではなく，人間活動により破壊された生物群集を復元する際にも活用できるメカニズムなのです．

4・7　多様性に影響を与える環境要因

4・7・1　種数−面積関係と島の生物地理学

　一般に面積が広い地域には，狭い地域よりも多くの種が生息することが知られています（図4・12）．生息地の面積が大きくなると種数が増える理由は二つあります．まず面積が広くなることで，生息環境の多様性が増すことです．より多様な生息環境が含まれることで，それぞれの生息環境に適した種が生活しやすくなるからです．もう一つは環境収容力（§3・2・3参照）が高くなることです．均一な生育環境である場合は，面積が広ければ広いほど，より多くの個体数を支えることができます．環境収容力が高いところでは，より多くの種が絶滅することなく，生育することができます．

　海で陸地と隔てられている島では，種数と面積の関係がよりはっきりみえてきます．過去に大陸と地続きになったことがないガラパゴス諸島やハワイ諸島のような海洋島では，遠く離れた大陸から生物がやってくることはまれです．

Box 4・4

捕食者による多種共存

　多種共存が成り立つメカニズムには，Box 4・3 で紹介した撹乱のほかに捕食を介したものがあります．捕食者の存在により競争排除が妨げられ，結果的に種多様性が維持されていることを初めて明確に示したのは，ペイン（R.T. Paine）です．彼は，北米太平洋の岩礁において，図のような生物群集を対象として，食う-食われるの関係を調べ，その食物網を明らかにしました．この生物群集では，藻類，イガイ，フジツボ，カメノテなどの岩礁で固着生活を送る生物と，ヒザラガイ，カサガイ，イボニシ，ヒトデなどの移動能力のある生物がみられました．この生物群集から高次捕食者であるヒトデを除去したところ，一時的にフジツボが岩礁のほとんどを占めたのですが，その後，イガイが岩礁を埋め尽くしました．その結果，岩礁に生育していた藻類が激減し，それを食べていたヒザラガイやカサガイがほとんどいなくなりました．ヒトデが岩礁の表面をめぐる競争上の優位種であるイガイを選択的に捕食することで，岩礁上を利用する生物群集の種多様性が維持されていたのです．

　このヒトデのように個体数が少ない種であっても生物群集の構造に強い影響を及ぼす種がキーストーン種です（§1・5・2参照）．キーストーン種には捕食者が多く，それらをキーストーン捕食者とよびます．競争的優位種は密度が高かったり体サイズが大きかったりするので，捕食者にとってはそのような種を中心に採食すれば捕食の効率が上がります．キーストーン捕食者は，競争的優位種の個体数をコントロールする役割を果たしているのです．

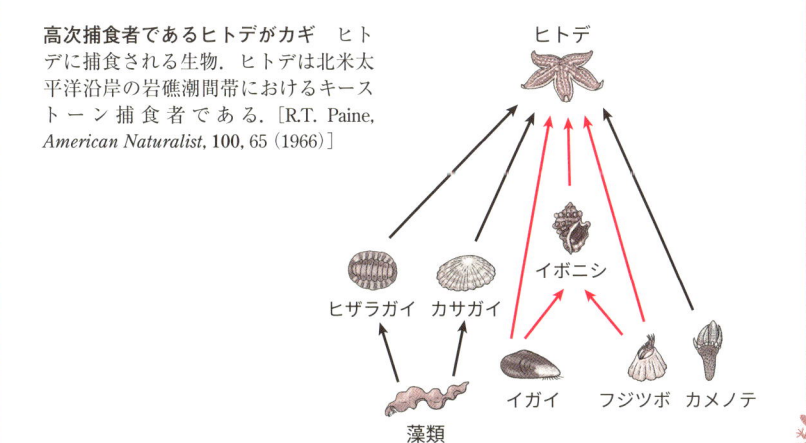

高次捕食者であるヒトデがカギ　ヒトデに捕食される生物．ヒトデは北米太平洋沿岸の岩礁潮間帯におけるキーストーン捕食者である．[R.T. Paine, *American Naturalist*, **100**, 65（1966）]

そのため，これらの島に成立した生物群集では，島内で独自の進化を遂げた生物種が大多数を占めます．一方，大陸から近い大陸島では，そこに棲んでいる生物の多くが大陸からやってきて定着します．大陸島では，面積が広ければ広いほど，また，大陸からの距離が近ければ近いほど，島にみられる種数が多いことが知られています．大陸から近い島ほど生物はたどり着きやすく，島の面積が広ければ，それだけ環境収容力が大きく，生物が定着しやすいからです．

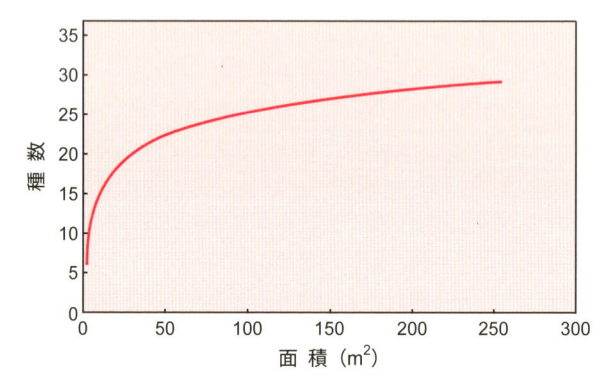

図 4・12　面積を増やせば記録される種数も増える　種数-面積曲線．
面積を増やしていくと，最初のうちは記録種数は急速に増える．一定面積を超えると，ほとんど変化がみられなくなり，やがて頭打ちになる．

4・7・2　多様性が増すのはどんな状況か: 種多様性の緯度勾配

　§4・5でみたように生物群集の種多様性は空間スケールに依存します．地球規模の空間スケールで古くから注目されているパターンは，種多様性の緯度勾配です．これは陸や海に生息する動物，植物，微生物などのさまざまな分類群において，それらの種多様性は低緯度の熱帯域で高く，高緯度になるほど種多様性が低下するパターンのことです．たとえば，関東北部の太平洋側に位置し，ブナやイヌブナなどが分布する茨城県の小川植物群落保護林では，6 ha の面積に胸高直径（地上から約 130 cm の位置の幹直径）10 cm 以上の樹種が 46 種生育しています．それに対して，熱帯ではわずか 1 ha に 100 種から 200 種以上もの樹種が出現する例も珍しくありません．

　種多様性の緯度勾配は，一部の分類群（アブラムシやハバチ，マツ科の樹木，

ペンギン類など）を除き，幅広い分類群で確認することができます．そのため，古くから研究者の興味をひき，さまざまな仮説が提案されてきました．ここでは，その中から二つの仮説，個体数増加仮説，季節性仮説についてみていくことにしましょう．

個体数増加仮説では，エネルギーの利用可能性が高いほど，その場所に成立する生物群集の個体数が増加し，その結果，より多くの種が子孫を残し，絶滅を免れるため，種数が増加するとしています．地球上では，低緯度ほど一定面積あたりに降り注ぐ太陽エネルギーが多くなります．生物の生育に適当な期間も長くなるため，生産性も高まり，生物が利用できるエネルギー量も多くなります．そのような場所では環境収容力が高く，より多くの個体数を維持することができるため，結果的に生物群集内の種数が増加すると考えられます．

二つ目の**季節性仮説**とは，低緯度地域である熱帯は一年を通して環境条件が安定しており，ニッチ分割も起こりやすくなる，という説です．熱帯は温帯に比べて，気温の変動幅が小さいため，温帯の生物よりも温度ニッチが狭くなります．つまり熱帯の種は温度変化に対する抵抗性がなく，季節に合わせて生息に適した温度の場所へ移動する必要もありません．狭い温度範囲に特殊化することで，近い場所であっても元の場所と温度条件が少しでも違うと移動しにくくなります．そのため，各種の分布域内に温度障壁（地理的隔離）が生じやすく，その結果，低緯度であるほど種分化率が高まります．

ここで紹介したもの以外にも多くの仮説が提出されていますが，種多様性の緯度勾配を完全に説明できる説はまだなく，どれも熱帯における高い種多様性の一部を説明しているにすぎません．今後の研究が待たれるところです．

4・7・3　植物の環境形成作用と植生遷移

地球上では，気温や降水量などの条件が植物の生育に不適な極地や砂漠などを除くと，ほとんどの陸地が植物によって覆われています．このようにある場所を覆っている植物のことをまとめて**植生**とよびます．植生はある空間スケールにおける生物群集の構成要素のうち，植物群集（植物群落ともよぶ）をさす用語です．熱帯雨林のように樹高 60 m を超える樹木が林立するような場所から，ツンドラのように地表 10 cm 程度の高さの植物しか存在しない場所まで，さまざまな植生が存在します（§5・5参照）．一方で，まったく植生がみられな

い**裸地**もあります．火山の噴出物や溶岩に覆われた場所，土石流などで表層土壌が流されて岩盤が露出した場所，氷河の後退後に新たに岩盤が露出した場所などです．住宅造成地に設置されたコンクリート張りの調整池は，人工的な裸地といえるでしょう．日本のように植物の生育に十分な気温と降水量がある場所では，岩や土が露出した裸地であっても，時間の経過とともに植物が侵入し，しだいに植物に覆われていきます．このように裸地にコケ植物や草本植物が侵入し定着する，草地が低木林へと移行する，低木林から高木種が優占する森林に成長するなど，ある一定の場所でみられる植生の移り変わりを**植生遷移**とよびます．

植生遷移のうち，溶岩流や氷河堆積物などのように，生物活動がほとんどみられない状態から始まる遷移は**一次遷移**とよばれます．一方，すでに存在していた植生が人間活動や火災，土砂崩れなどによって撹乱された場所で起こる遷移は**二次遷移**とよばれます．二次遷移は窒素などの養分を含んだ土壌がすでに形成されているうえ，撹乱以前にその場に生育していた植物の種子や根茎などが残っているので，一次遷移とは初期条件が大きく異なっています．

一次遷移は，植物にとって利用可能な養分がほとんどない状態から出発するため，土壌の形成などの環境形成作用，すなわち，生物が生活することによって環境を変えていく作用が重要になります．裸地に最初に侵入するのは，地衣類（藻類と共生している菌類）やコケ植物であることが多いです．これらの植物は，強光や乾燥に耐えることができ，土壌がほとんどなくても生育できるからです．これらの植物が枯死し，分解者によって土に還り，土壌が形成されるにつれて，植生も，草本植物，低木類，明るい環境で早く成長する高木類（**陽樹**），耐陰性に優れた高木類（**陰樹**）へと種構成が置き換わり変遷していきます（図 4・13）．

一方，私たちが，身近に観察できる植生遷移の多くは二次遷移です．二次遷移は小規模な山火事や洪水が起こった場所や，伐採跡地や放棄された畑などから出発します．そのため，遷移初期には，すでに土壌中に存在していた種子（埋土種子：土壌内で発芽せず，休眠している種子）から発芽した草本が多くみられます．伐採跡地では，残された木本類の切り株からの萌芽も多くみられます．このような理由で，二次遷移の速度は一次遷移に比べてかなり速くなります．

一次遷移の初期段階に出現するのは，分散能力が高く，水分や養分などが欠

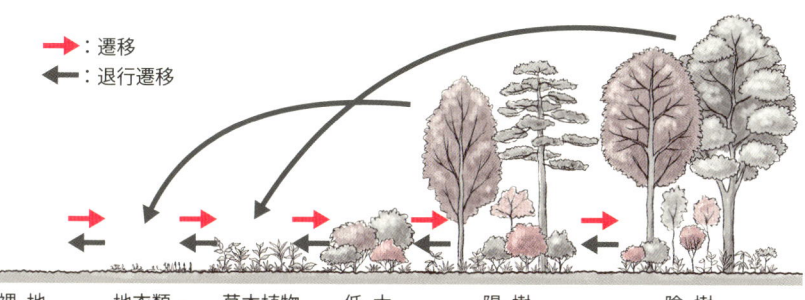

凡例:
→ : 遷移
← : 退行遷移

裸地	地衣類・	草本植物	低木	陽樹	陰樹
（土壌が	コケ植物				
未形成）					

図4・13 時の流れとともに移り変わる植物群集 一次遷移の概念図．あくまでもモデルケースであり，必ずしもこの通りに遷移が起こるわけではない．環境条件や基質の違いなどによって地衣類・コケ植物など，いくつかの遷移系列の過程がみられない場合も多い．また遷移の速度が著しく遅い環境もあれば，早い環境もある．環境変異や攪乱などにより遷移系列が逆方向に進むことを退行遷移という．また陰樹といえども，暗い親木の下では十分に育つことができず，更新には林冠ギャップが必要である．
［八木橋 勉，"生態学入門 第2版"（日本生態学会編），p.196 より］

乏する厳しい環境に耐えられる種に限られます．遷移初期に出現する植物を**先駆植物（パイオニア植物）**とよび，地衣類やコケ植物，ススキやイタドリなどの草本植物が代表的です．樹木のうち，比較的早く出現する陽樹は，風や鳥によって運ばれる小型の種子をもち，新しい場所にいち早く現れます．日本の暖温帯ではアカメガシワやカラスザンショウ，アカマツが，冷温帯ではシラカンバなどが典型的な陽樹です．それに対して陰樹は，比較的大きな種子をもち，陽樹の下でも育つことができます．そのため，陽樹の林の中で，陰樹がしだいに増えて，陽樹と陰樹で構成された混交林，さらには陰樹林へと移行し，遷移の最終段階の主役となります．暖温帯ではスダジイやカシ類が，冷温帯ではブナが典型的な陰樹です．このような遷移後期に出現する樹木を**極相樹種**とよび，遷移が進行し，最終的に成立する植生を**極相（クライマックス）**とよびます．気候帯によっても極相は異なり，北海道の亜寒帯であれば，エゾマツやトドマツなどの針葉樹林，東北地方の冷温帯であれば，ブナなどの落葉広葉樹を中心としたブナ林，福島以南から九州までの暖温帯であれば，シイ類やカシ類などの常緑広葉樹を中心とした照葉樹林が極相となっています．そのため，東北地方で育った人が九州に初めてやってきたときには，自分が慣れ親しんだ山

の景色とはずいぶんと異なることに驚くことでしょう.

　植生の遷移に伴って，土壌が厚くなり，深さによって性質が違ってくると，ニッチが増え，多くの種類の土壌動物が生息できるようになります.同様に，遷移によってさまざまな高さの樹木や草本からなる森林（階層構造の発達した森林）へと移行すると，そこに生息可能な動物の種数は増加していきます.たとえば，鳥類群集の多様性は森林の階層構造の多様性，さらにそこに存在する樹種の多様性が増加するに従って高まります.これは鳥類が種ごとに採餌場所に違いがあり，好んで食べる果実や種子，昆虫などにも違いがあるためだと考えられています.森林性の大型鳥類であるクマゲラやシマフクロウは，大きな木（シマフクロウであれば，直径 60 cm 以上）に営巣するので，遷移初期の草原や低木林では繁殖できません.

　本節では，多様性に影響を与える環境要因として，まず種数と面積の関係に注目しました.面積が広くなると種数が多くなるのは，そこに含まれる生息環境の多様性や環境収容力が高まることが関係しています.特に周辺を海で囲まれた島のような環境では，種数と面積の傾向をよりはっきりとみることができます.また，生物群集の種多様性は対象とする空間スケールにも依存して変化します.たとえば，地球規模でみられる種多様性の緯度勾配については，いくつかの仮説が提案されています.地球上では，陸地の大部分は植物に覆われており，環境条件に応じたさまざまな植生が成立しています.これらの植生は時間とともに変化し，そこを生息場所とする他の生物の多様性にも影響を及ぼしています.

5

多様な生物が織りなす生態系

生態系では，さまざまな種類の生物が食う–食われるの関係により結びついています．食う–食われるの関係を通して生物から生物にエネルギーや物質が移動します．このはたらきが積み重なって生態系にエネルギーが流れ，物質が循環します．第5章では，生態系の物質移行の仕組みや生態系の遷移を通した物質の蓄積をみていきましょう．地球上にはさまざまな生態系がみられますが，エネルギーの流れや物質の循環の様子は共通しています．

5・1 食物網と食物連鎖

生物群集のなかでは，さまざまな生き物が食う–食われるの関係によってつながっています．植物とそれを食べる昆虫，植物食の昆虫とそれを食べる捕食性の昆虫，捕食性の昆虫とそれを食べる鳥のような例があげられます．植物にもさまざまな種があり，昆虫によって食べる植物種は異なることが多いです．捕食性の昆虫や鳥もそれぞれエサとする生物種は異なっていることがよくあります．そのため，ある場所の生物群集にみられる食う–食われるの関係をすべて集めると，場所ごとに異なる**食物網**がみえてきます．

食物網は陸上生態系でも水域生態系でもみられますが，それぞれの生態系で暮らしている生物群集が違うため，構造はさまざまです．食物網は"食う–食われる関係"に着目した生物群集のとらえ方ですが，種間競争や相利共生といった他の関係も含めて生物群集をとらえると，より複雑な相互作用網がみえてきます．

私たちの身近にある森林の生態系では，さまざまな種類の植物がみられます．その植物の葉を食べるチョウやガの幼虫，バッタ，ハムシなどがいて，こ

れらを食べるシジュウカラなどの鳥，クモ，ハチなどもいます（図5・1）．さらに，ワシやフクロウなどの猛禽類がこれらの動物を食べています．一方，木の実を食べるネズミやリスなどは，猛禽類だけでなく，イタチやキツネなどにも食べられています．また，落ち葉を食べるミミズやトビムシなどの土壌動物は，ネズミや鳥などに食べられています．このように森林生態系の植物や動物

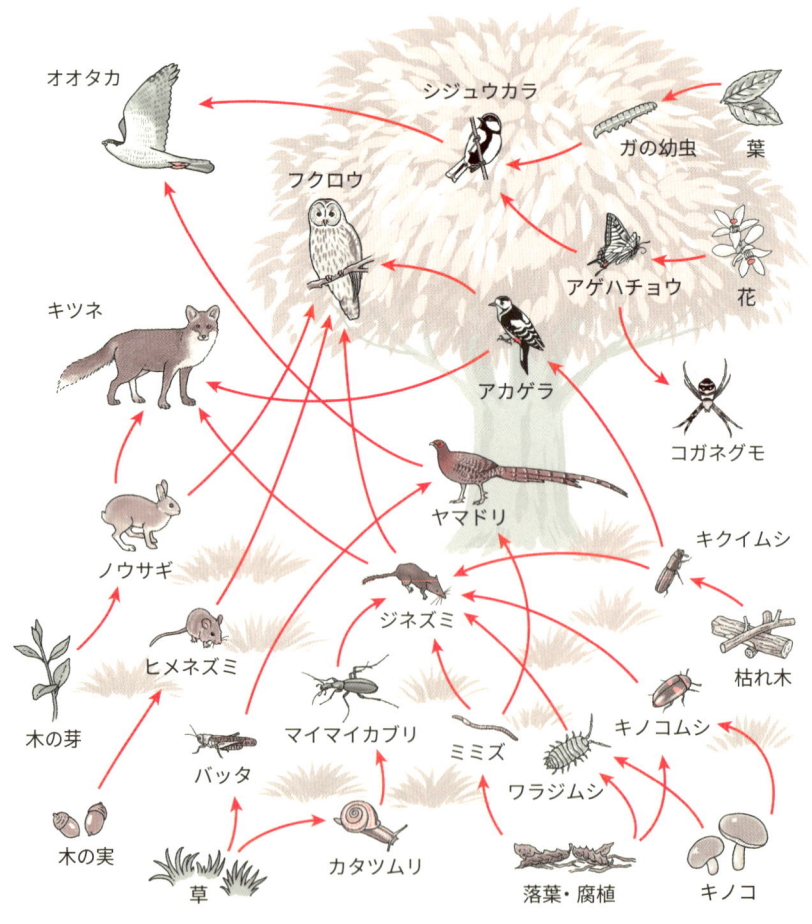

図5・1　陸上生態系の生物は食う–食われるの関係でつながっている　一例として，日本の森林生態系でみられる食物網の一部を示す．

の間には，数多くの食う−食われるの関係がみられます．

　カナダ沖の北大西洋にみられる食物網では，さまざまな種類の藻類から構成される植物プランクトンが，カイアシ類などの動物プランクトンや二枚貝などの底生生物によって食べられます（図5・2）．動物プランクトンや貝類は，さまざまな種の魚類やイカなどによって食べられます．さらに魚類やイカは，大型の魚類や，イルカやクジラ，アザラシや海鳥に食べられます．食う−食われるの関係を，食べられる側の生物と食べる側の生物を結ぶ線で表現すると，非常に複雑な食物網になっていることがわかります．

　一方で，食物網は，同じようなエサを食べ，同じような捕食者に食べられる関係があるときには，より単純な構造としてとらえることができます．たとえ

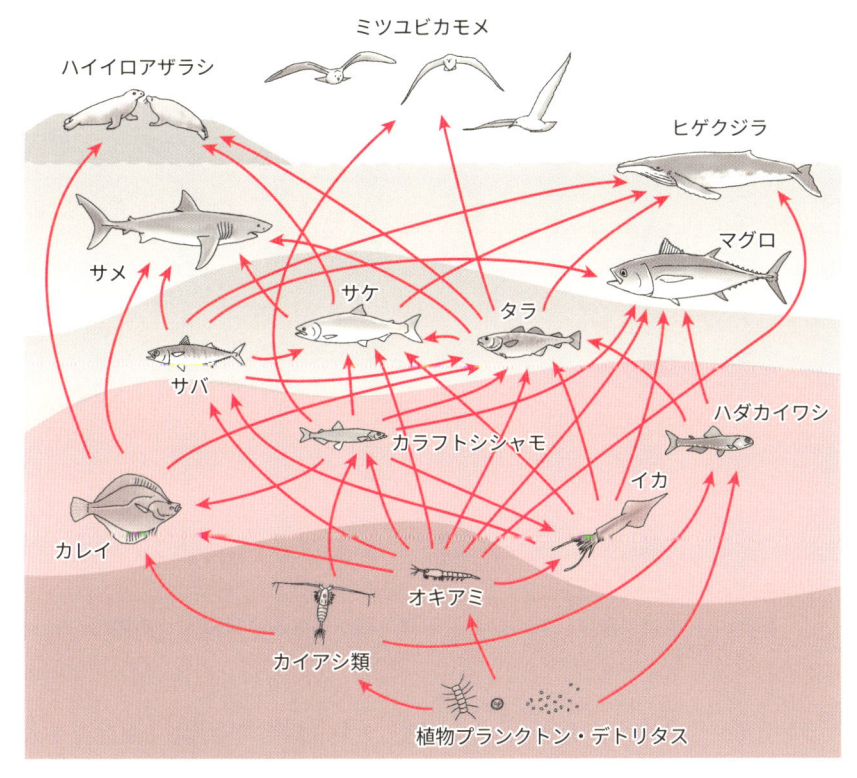

図5・2　水域生態系の生物は食う−食われるの関係でつながっている　一例として，カナダ沖の北大西洋でみられる食物網の一部を示す．

ば海洋の生態系では，植物プランクトンが動物プランクトンに食べられ，動物
プランクトンが小さな魚に食べられ，小さな魚が大きな捕食性の魚に食べら
れ，大きな捕食性の魚がクジラやオットセイに食べられるというように，一つ
のつながった食う−食われるの関係としてみられることがあります．複雑な構
造をもつ食物網であったとしても，その一部の少数の生物種だけに注目する
と，同じように一つにつながった食う−食われるの関係の構造をみることがで
きる場合があります．

　植物プランクトン・動物プランクトン・小さな魚・捕食性の魚などのように，一つにまとめられる生物種の集まりのことを，**栄養段階**といいます．そして，複数の栄養段階が鎖のように連なっている構造を，**食物連鎖**として描くことができます（図5・3）.

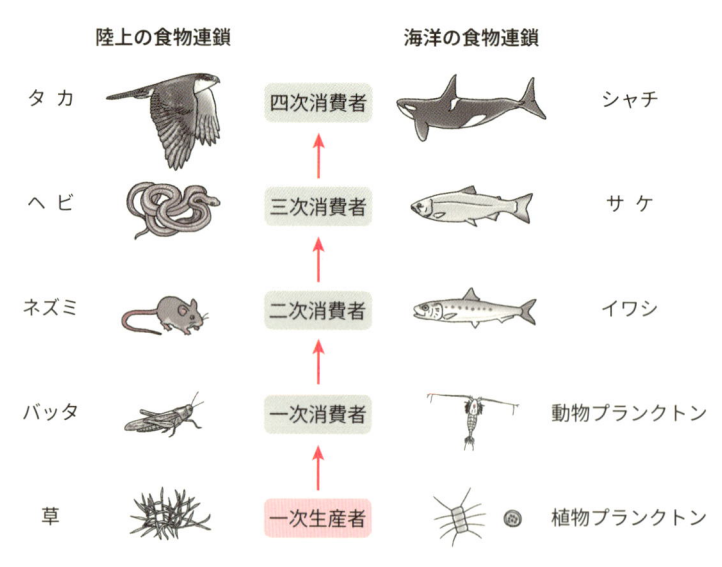

図5・3　食物連鎖は，いくつかの栄養段階が鎖のように連なった構造
陸上生態系と水域生態系における食物連鎖の例を示す.

　食物連鎖の最も下にある第一栄養段階は，食物連鎖の基礎となる**生産者**（一次生産者）です．生産者は，光合成などによって有機物（炭素を含む物質．ただし，二酸化炭素のような単純な構造の物質は除く）を無機物（有機物以外の物質）

から生産します．生産者がつくった有機物とそれに蓄積されたエネルギーが，上位の栄養段階を支えています．陸上生態系では，木や草などの植物がおもな生産者であり，水域生態系では，植物プランクトン・海藻・海草がおもな生産者となります．深海の熱水噴出孔などの場所では，化学合成（光エネルギーを用いる光合成とは異なり，硫化水素などから得られる化学エネルギーを使って有機物を生産すること）をする生物（化学合成細菌）もいます．これらの生産者を食べる生物が，**一次消費者**です．一次消費者は**二次消費者**に食べられ，二次消費者は**三次消費者**に食べられ……という具合に栄養段階がつながっています．

　では，生産者から始まり，一次消費者，二次消費者，三次消費者……とつながる食物連鎖は，どこまで長くつながっているのでしょうか．実は，自然界でみられる食物連鎖の長さには限界があります．多くの食物連鎖は五つ以下の栄養段階からなっていて，それより長い食物連鎖はほとんどみられません．それはどうしてなのでしょうか．よく知られている仮説の一つに，**エネルギー仮説**があります．ある栄養段階の生物が一つ上位の栄養段階の生物に食べられエネルギーが移行するとき，一定のエネルギーが失われてしまいます．エサとなる生物がもつすべてのエネルギーが捕食者の生物量（質量や個体数）に移行するわけではなく，そもそも食べられなかったり，食べたとしても消化されずに排泄されたり，捕食者が呼吸によってエネルギーを失ったりするからです．そのため，より上位の栄養段階ほど生物量として蓄積されるエネルギーは少なくなります．あまりに少ないエネルギーでは生物は生きていけないので，栄養段階の数（つまり，食物連鎖の長さ）には限界があるのです．見方を変えると，ある場所の食物連鎖において生産者が提供したエネルギーが多ければ多いほど，長い食物連鎖が成立するともいえます．

　食物網や食物連鎖では，生産者が無機物からつくり出した有機物が，ほかの多くの生物を支える物質やエネルギーを提供しています．光合成や化学合成をする生産者は，自らが生産した有機物を自らの呼吸や成長にも使うので，**独立栄養生物**とよばれます．一方，自らでは有機物をつくり出さず，ほかの生物を食べてその物質やエネルギーを利用する生物（消費者）は，**従属栄養生物**とよばれます．従属栄養生物である消費者は，独立栄養生物である生産者がつくり出した物質やエネルギーがなければ生きていけないのです．

　ここで，生産者がつくり出して消費者に利用されなかった有機物や，消費者

が未消化で排泄したもの，消費者の遺骸に含まれる有機物もあることに気づくでしょう．これらの"生きていない有機物"を，**デトリタス**とよびます．このデトリタスを物質やエネルギーの源とする消費者を，**分解者**といいます．食物連鎖では生産者から上位の栄養段階の消費者につながる有機物の流れがあり，食物網では生産者がつくり出した有機物が多くの消費者に利用されています（**生食連鎖**といいます）．このような生食連鎖での有機物の流れは，生産者から消費者への一方通行の流れですが，実は，別の有機物の流れがあることで，物質は生態系の中を循環します．生食連鎖のさまざまなところから出てくるデトリタスは，土壌動物や菌類，原核生物などの分解者によって利用されます（腐食連鎖）．分解者は，ほかの消費者に食べられることで，上位の栄養段階を支えています．また，分解者は，デトリタスを利用するときに有機物から無機物をつくり出し，生産者が必要とする無機物（栄養塩）を提供しています．このように分解者がいることで，生産者がつくり出した有機物に含まれる物質は，生態系の中を循環することができるのです．そのため，分解者も食物網の一部としてとらえることができます．

🐟 5・2 エネルギーの流れと物質の循環

生態系の形はさまざまですが，エネルギーが流れ，物質が循環していることは共通しています（図5・4）．ほとんどの生態系では，生産者である植物や植物プランクトンが，太陽から届く光エネルギーを光合成によって化学エネルギーに変換し，エネルギーは有機物の形で生態系に取込まれます．その有機物を従属栄養生物である消費者が利用し，最終的にエネルギーは熱として生態系の外に放出されます．このようにエネルギーには，生態系に取込まれて出ていくという流れがあります．生態系に取込まれるエネルギーがなくなれば，生態系は存続できなくなります．一方，物質は生態系の中でほとんどが循環しており，生態系から出たり入ったりする物質の量は一般的には少ないです．生産者によってつくられた有機物は消費者に利用されますが，これらの有機物はいずれ分解者によって無機物に変換され環境中に戻ります．そしてまた，この無機物を使って生産者が有機物をつくっています．このように物質は，エネルギーと違って，生態系の中を絶えず循環しています．

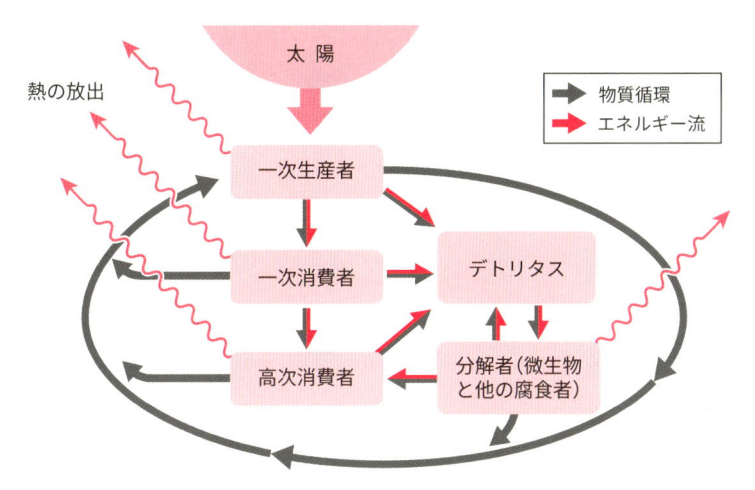

図5・4　生態系の中をエネルギーは流れ，物質は循環する

　独立栄養生物が行う光合成や化学合成によって生態系に有機物として取込まれた化学エネルギーの量を，**一次生産**といいます．一次生産の多くは光合成によって担われていますが，光合成に利用されるのは，太陽からの放射のごく一部にすぎません．太陽放射のうち約半分は，生産者がいる地表まで届かず，大気中の雲や塵によって吸収，散乱，反射されます．また，地表に届く太陽放射のうち光合成に利用されるのは，可視光とよばれる一部の波長だけです．さらに，光合成をする生産者によって光エネルギーが化学エネルギーに変換されるのは，可視光のうちわずか1%ほどです．それでも，一次生産でつくられる有機物は，地球全体で，1年間に約1500億トンにもなります．

　生態系に取込まれたエネルギーの総量のことを，**総一次生産**といいます．これは生産者によって有機物に変換されたエネルギー量のすべてをさしますが，このうちの一部は，生産者自身の呼吸にも用いられます．総一次生産から，生産者の呼吸に使われるエネルギー量を差し引いたものを，**純一次生産**といいます．

$$純一次生産量　=　総一次生産量　-　生産者の呼吸量$$

この純一次生産が，その生態系で生きる多くの消費者や分解者によって利用できるエネルギーということになります．生態系の中の生物とデトリタスの現存

量が変わらなければ，純一次生産のエネルギーは生態系の食物網を流れ，最終的にはすべてのエネルギーが生態系の外に熱として放出されていることになります．しかし，純一次生産の一部でも生態系の中に残れば，生態系の中の生物やデトリタスの現存量は蓄積していくことになります．

　一方，物質はさまざまに形を変えながら，食物網の中を移動し，生物と環境の間を行き来しています．物質を最も基本的な構成単位である元素のレベルでとらえ，生物やデトリタス，環境中の無機物質など，さまざまな物質の"貯蔵庫"の間を流れている，と考えるとわかりやすいでしょう．また，物質は，生態系の中を循環するだけでなく，生態系の外から取込まれたり，生態系から失われることもあります．ここでは，炭素，窒素，リン，水に注目して，みていくことにしましょう．

5・2・1　炭素の循環

　炭素は，すべての生物にとって不可欠な有機物を構成する重要な元素で，糖やタンパク質，核酸などをつくっています．陸上植物や植物プランクトンは，大気中や水の中に溶け込んだ CO_2（二酸化炭素）を用いて光合成を行い，有機

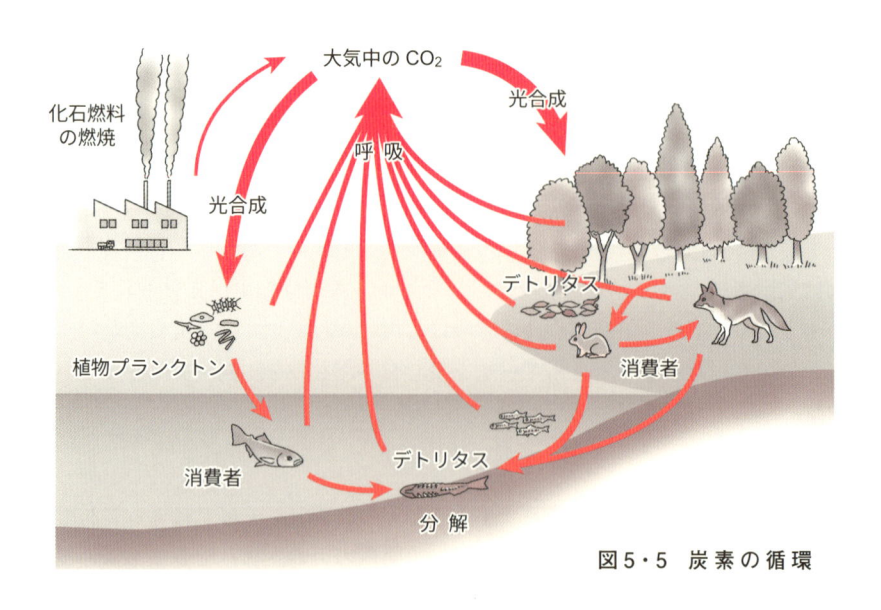

図5・5　炭素の循環

物を合成しています（図5・5）．有機物中の炭素は，食物網を通して食べられる生物から食べる生物に移動しますが，最終的には，これらの消費者の呼吸によってCO_2に分解され，これらの消費者から出てくるデトリタスが分解者に利用されCO_2に戻ります．

　現在，地球規模では，陸上植物と植物プランクトンによる光合成は大気中のかなりの量のCO_2を吸収しています．その量は，生産者や消費者，分解者の呼吸によって大気中に放出されるCO_2とほぼ等しいです．しかし，地球の歴史では，大気からのCO_2の吸収が大気への放出を上回った時代もありました．炭素のおもな"貯蔵庫"には，化石燃料，土壌，海洋や湖などの堆積物，海洋や湖などの水（炭素化合物として溶けている），生物，大気があります．化石燃料の燃焼により大気中に放出されたCO_2のうち，他の"貯蔵庫"に吸収されずに残った分が，現在，大気中でCO_2として蓄積しつつあります．

5・2・2　窒素の循環

　窒素は，アミノ酸やタンパク質などの構成元素で，すべての生物に不可欠な元素です．窒素も炭素と同様に，生態系の中を循環しています（図5・6）．陸上植物や植物プランクトンは，アンモニウムイオン（NH_4^+）や硝酸イオン（NO_3^-）という無機窒素化合物を吸収してアミノ酸を合成しています．細菌のなかには，亜硝酸イオン（NO_2^-）を利用できるものもいます．消費者である動物は無機窒素化合物から有機窒素化合物をつくり出せないので，生産者が合成した有機窒素化合物を利用しています．食物網を通して利用された有機窒素化合物はデトリタスとなり，土壌動物や菌類，細菌によって無機窒素化合物に分解されます．また，動物が排出する糞尿などにも無機化された窒素化合物が含まれます．そして，無機窒素化合物が再び陸上植物や植物プランクトンに吸収されます．環境中にあるアンモニウムイオン・亜硝酸イオン・硝酸イオンは，細菌の働きによって，相互に変換されるほか，別の無機物に変わることもあります．たとえば，硝化細菌によりアンモニウムイオンが硝酸イオンに変わったり（硝化），脱窒細菌により硝酸イオンが窒素ガス（N_2）に変わったりします（脱窒）．

　多くの生物は大気中の窒素ガスを直接利用することはできませんが，マメ科

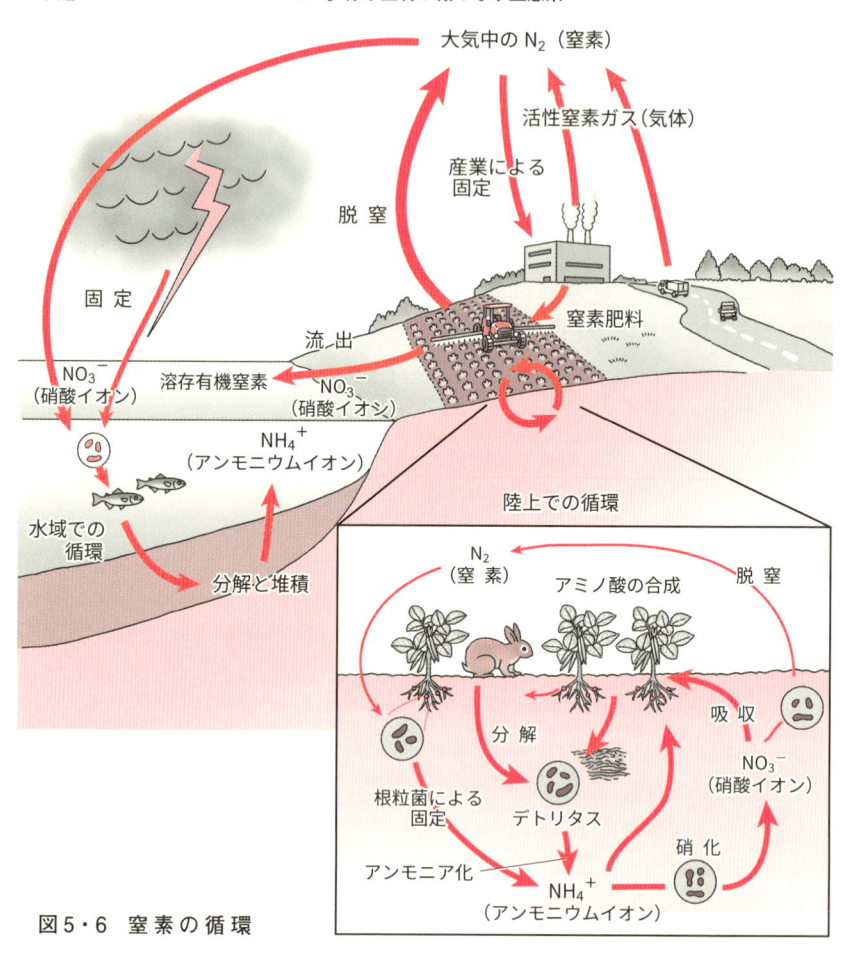

図 5・6 窒素の循環

植物の根に共生する根粒菌や一部のシアノバクテリアは，窒素ガスを取込んで
アンモニウムイオンを合成することができます．このはたらきを**窒素固定**とい
います．窒素のおもな"貯蔵庫"には，大気（約 80％が窒素ガス），土壌，海
洋や湖などの堆積物，海洋や湖などの水（溶存の窒素化合物），生物がありま
す．現在の人間活動と関連した窒素固定としては，窒素ガスから産業的に生産
される化学肥料や，農業においてマメ科作物の根粒菌が行う窒素固定がありま
す．その量は，人間が関与せず自然に固定される窒素の量を上回る規模となっ
ています．

5・2・3 リンの循環

リンは，核酸やリン脂質，ATP など有機リン化合物の構成元素であるほか，骨や歯の成分としても重要な物質です．リンも，炭素や窒素と同様に，生態系の中を循環しています（図5・7）．陸上植物や植物プランクトンは，リン酸イオン（PO_4^{3-}）を吸収して有機リン化合物の合成に利用しています．消費者である動物は，無機リン化合物から有機リン化合物をつくり出せないので，生産者が合成した有機リン化合物を利用しています．食物網を通して利用された有機リン化合物はデトリタスとなり，土壌動物や菌類，細菌によって無機リン化合物に分解されます．また，動物が排出する糞尿などにも無機化されたリン化合物が含まれます（Box 5・1）．そして，無機リン化合物が再び陸上植物や植物プランクトンに吸収されます．炭素や窒素と違って，リンを含む気体はほとんどないので，大気中を移動するリンは少なく塵として運ばれる程度です．一方，水の中では，無機リン化合物も有機リン化合物も水の流れに応じて運ばれます．リンのおもな“貯蔵庫”には，堆積岩，土壌，海洋や湖などの堆積物，海洋や湖などの水（溶存のリン化合物），生物があります．

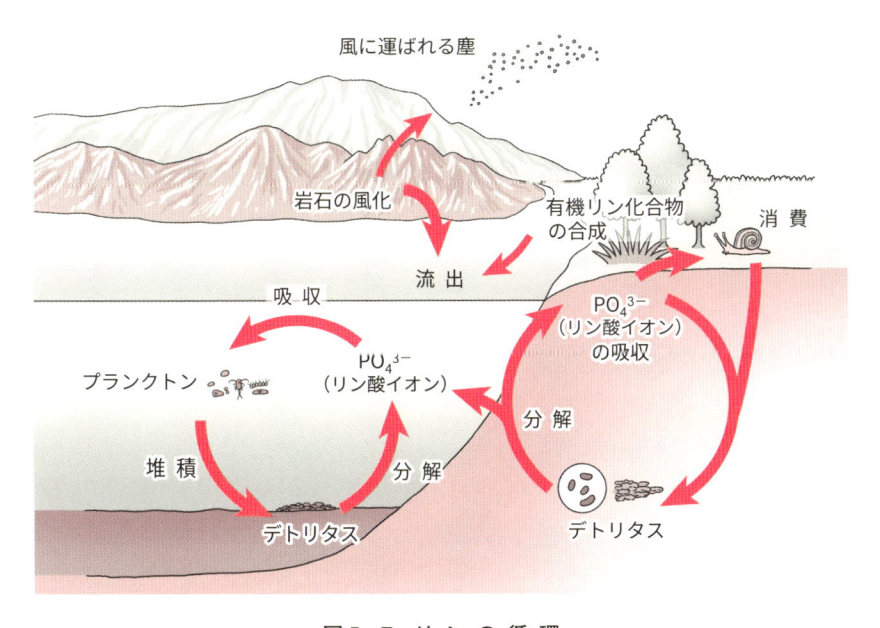

図5・7 リンの循環

Box 5・1
海鳥がもたらす栄養塩の貯蔵庫と人間による利用

栄養となる窒素やリンなどの物質は生態系の中を循環していますが，人間が利用しやすい“貯蔵庫”に豊富に蓄積した栄養塩は，農業などの産業によく利用されます．有名な例の一つに**グアノ**があり，農作物の栽培に欠かせない肥料として 19 世紀には盛んに使われました．周囲を海の生態系に囲まれた島に棲む海鳥は，エサとなる魚をたくさん捕食します．海鳥が排出した糞尿には窒素化合物やリン化合物などが多く含まれ，雨の少ない条件では，営巣場所になっている岩礁に徐々に堆積していきます．それが長い年月の間に蓄積したものがグアノです．肥料としての有用性が 19 世紀に注目されると，グアノがある島々から大量に採掘され，その後，多くの島でグアノは枯渇してしまいました．

海鳥の糞尿に含まれるリンが島を構成する石灰岩と結合するとリン酸石灰ができ，それが蓄積したものがリン鉱石となります．太平洋南西部のナウルはリン鉱石が産出する島として有名です．ナウルでは 20 世紀初めにリン鉱石の採掘が始まり，リン鉱石の生産と輸出が増えると，莫大な利益がもたらされました．世界で最も豊かな国とよばれるほど経済が発展し，多くの国民が働かなくても生活できるような状況にまでなりました．しかしその後，リン鉱石の枯渇が近づくにつれ経済は急激に衰退し，ナウルの人々は，一度慣れ親しんだ生活を続けることに多くの困難を抱えることになってしまいました．“貯蔵庫”に蓄えられた資源は，消費し続ければいつかは必ず枯渇します．ナウルの困難な経験は，私たちに持続可能性とは何かを問いかけています．

5・2・4 水の循環

　水は，すべての生物が必要とする物質であり，特に陸上の生態系において，一次生産や分解の速度に大きく影響します．水の循環は，おもに物理的なプロセスによってひき起こされており，生物のはたらきが大きい炭素・窒素・リンの循環とは異なっています（図5・8）．水は，太陽エネルギーによって蒸発して水蒸気となり，水蒸気が凝縮して雲をつくり，雨や雪となって地上に戻ります．陸上生態系では，植物による蒸散も多くの水を大気に移動させています．また，陸上に降った雨は，重力によって水の流れをつくり，地表を流れたり地下を流れたりして，最後は海に移動します．生物は，環境中にある水をおもに液体として取込み利用しています．陸上に生きる生物は乾燥によって水を失いやすく，生産者である陸上植物は根から，消費者や分解者である多くの動物は食べ物から，常に水を摂取しています．一方，水の中に生きる生物は環境と体の間で水が移動しますが，淡水と海水では環境と体の間の水の移動は大きく異なります．

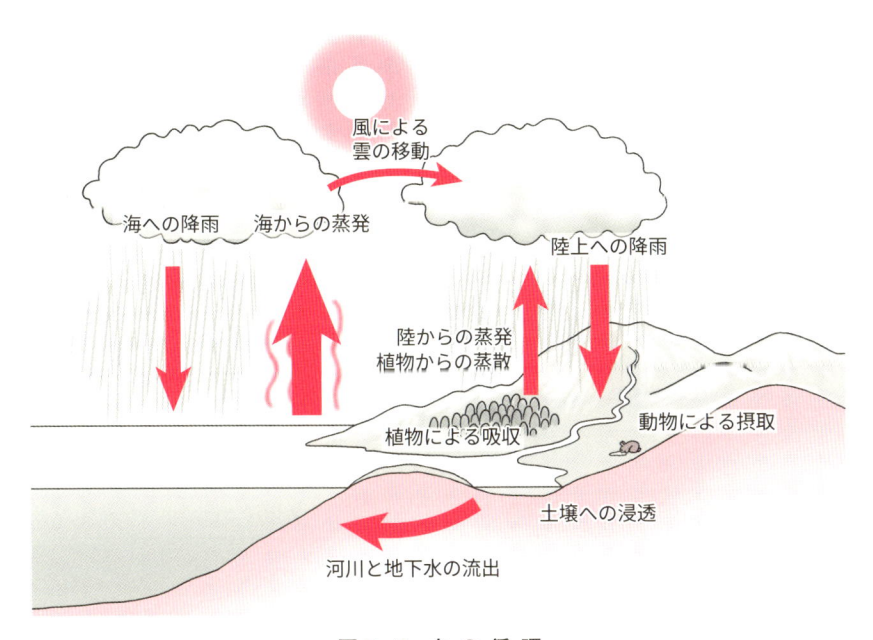

図5・8　水の循環

5・3　生態系での物質の収支

5・3・1　陸上生態系の物質収支

§4・7・3で説明のあった植生遷移を物質の面からみていきましょう．物質は，遷移が進んでいくなかで，生態系にしだいに蓄積していきます．一次遷移は，岩石などの無機物が多い裸地の状態から始まりますが，土壌（有機物と無機物が組合わさって構成され植物などの生物が必要とする環境）が形成され植生が発達するにつれて，一次生産により生産された有機物，多くの生きている生物やデトリタスが蓄積していきます（図5・9）．一次遷移の初期には，土壌に含まれている窒素などの栄養は少ないですが，その環境でも生育できる植物が移入し増えていきます．多くは地衣類やコケ類ですが，木本であるハンノキ属のオオバヤシャブシは，共生している根粒菌による窒素固定のおかげで，栄養が少ない遷移の初期でも生育することができます．また，ハンノキ属の植物が増えていくと，栄養となる窒素やリンなどが急速に土壌に蓄積し，別の植物も侵入できるようになります．

遷移が進んで森林が発達するにつれて，地上にある植物の体に含まれる物質（炭素・窒素・リンなど）の量は増えていきます．また，それに合わせて，土壌中に蓄積された物質の量も増えていきます．樹齢が若く成長速度の速い小さ

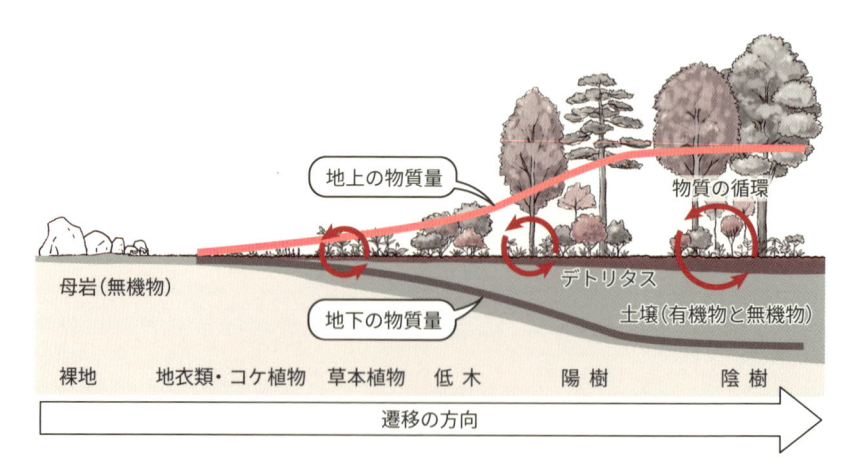

図5・9　陸上生態系では遷移とともに生態系に物質（炭素・窒素・リンなど）が蓄積していく

な木からなる森林では，生態系の外から入ってくる物質の量のほうが，生態系から出ていく物質の量より大きくなります．森林がさらに発達して樹齢が長く大きな木からなる森林になると，生態系に入ってくる物質の量と生態系から出ていく物質の量はほぼ釣り合うようになって，見かけ上は物質の蓄積がほとんどないようにみえます．しかし，**森林生態系**の内部では，独立栄養生物・従属栄養生物・デトリタスの間で物質は絶えず循環しています．

　では，森林で木が伐採されたり山火事が起こったりして木が死んだりすると，物質の循環はどのように変わるのでしょうか．植生による光合成が減少すると，森林生態系が大気から吸収するCO_2の量が減少します．一方，土壌中などにあるデトリタスは，植生があってもなくても分解されO_2は排出され続けます．これらを合計すると，森林生態系はCO_2を排出することになります．つまり，森林から植生がなくなると，炭素の吸収源がなくなるだけでなく，炭素の排出源に変わってしまうのです．窒素やリンなどの栄養塩も，森林生態系から失われることになります．なぜなら，植生がなくなった地表面に雨が直接降り注ぐと，土壌中の窒素やリンが雨水に溶け出したり，デトリタスを含む土壌そのものが流されたりするからです．

　森林伐採や山火事などでいったん植生が失われた森林であっても，時間が経つにつれて，木が大きく生育する森林へと戻っていきます（二次遷移）．森林が回復するにつれて，物質は生態系にまた蓄積していき，生態系の内部での物質循環も活発になっていきます．林業などでの森林管理や山火事後の森林再生の取組みでは，木の伐採や焼失から森林の再生までが効率よく進むように，さまざまな工夫がなされます．たとえば，下草が地面を覆うようにしたり，木を階段状に並べたりして土壌流出を防ぎます．

5・3・2　水域生態系での物質収支

　水域の生態系にも遷移があり，物質の循環に大きな影響を与えています（図5・10）．湖や沼はその好例です．火山が噴火して流れ出した溶岩が川をせき止めたり，地震によって断層が動いて窪地ができ水が溜まったりすると，新しい湖ができます．新しい湖には栄養塩は少ないのですが，時間が経つにつれ，湖の周囲に広がる陸上生態系から落ち葉などのデトリタスが流れ込み，栄養塩がしだいに蓄積していきます．栄養塩が少ない湖では，その多くは湖底の堆積

物の中にあり，水中に沈んで生活できるタイプの水草（クロモ，エビモなど）などが，湖底まで届く日光を利用し，光合成をして繁茂します．このような湖では，湖の中で光合成によって生産される有機物は比較的少なく，周囲の陸域から供給されるデトリタス由来の有機物が多いです．時間が経ち栄養塩の蓄積が増えていくと，湖の表層にも栄養塩が供給されるようになり，日光がよく届く表層では植物プランクトンが増え，逆に水中で生活する水草は日光が不足して減っていきます．この状態になると，湖の中で光合成によって生産される有機物は比較的多くなります．

　さらに，周囲の陸域から供給されるのはデトリタスだけではありません．湖に流れ込む川は，陸域から多くの土砂を湖に運びます．そのため，湖はしだいに水深が浅くなっていきます．水深が浅くなると，空中に葉があり体の一部だけが水中にあるタイプの水草（ヨシ，ガマなど）が増えてきます．さらに水深が浅くなるとついには湿原となり，もっと乾燥が進むと陸地の生態系として遷

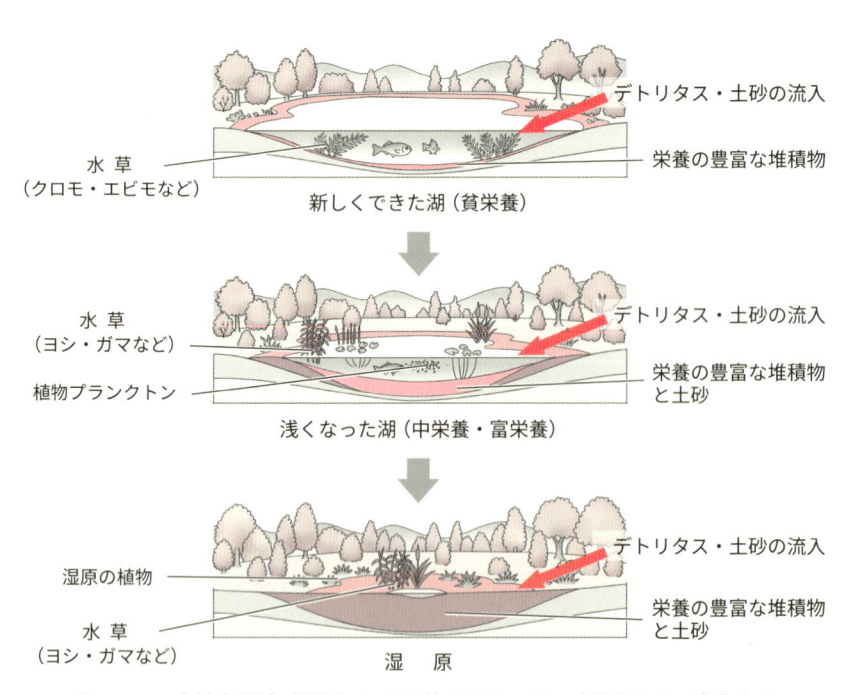

図5・10　水域生態系（湖沼）にも遷移があり，長い時間をかけて変化する

移が進みます．図5・9のような裸地から始まる遷移を**乾性遷移**というのに対して，湖沼から始まり湿原を経てより乾燥した環境の植生に移り変わることを，**湿性遷移**といいます．

Box 5・2

栄養素・栄養塩とは

　生物の体は，さまざまな元素からできています．それらの元素を，**生元素**といいます．生物の体を構成している量は生元素の種類によって大きく違います．たとえば，ヒトの体を構成している生元素を，構成している量（重さ）の順番で並べると，O, C, H, N, Ca, P, K, S, Cl, Na, Mg, Si, Fe, Zn, Cu, I, Mn, Cr, Mo, Se, F, Co,…となります．順番の最初のほうにある元素ほど必要とされる量が多いのですが，後ろのほうにある元素だからといって重要でないとはいえません．生物の体が正常に維持され成長するには，すべての生元素がバランスよく必要とされるからです．すべての生物は，環境中やエサからこれらの生元素を得て生きています．しかし，ある生物が必要とする生元素が，その生物が求めるバランス通りに得られるとは限りません．植物であっても動物であっても，バランス通りに生元素が得られない場合は，体の維持が困難になったり成長が十分にできなかったりします．

　生元素は，**栄養素**という形で生物に取込まれます．栄養素には，無機物もあれば有機物もあります．栄養素のうち化学的に塩となっている物質を**栄養塩**といい，環境中では水に溶けてイオンとして存在しています．窒素が含まれる栄養塩からはアンモニウムイオン（NH_4^+），亜硝酸イオン（NO_2^-），硝酸イオン（NO_3^-）ができ，リンの栄養塩からはリン酸イオン（PO_4^{3-}）ができます．植物や藻類は環境中からこれらのイオンを吸収し，代謝を通してさまざまな物質に変換し，体の維持や成長に利用しています．植物や藻類が必要とする栄養塩のバランスはある程度決まっていますが，そのバランスに対して不足している栄養塩が制限栄養塩となります．

　生産者である植物や藻類が消費者の動物に食べられ，一次消費者の動物が二次消費者の動物に食べられるなどして，食物網を物質が移動していきます．このとき，栄養素や栄養塩は形を変えずに食物網を移動することはほとんどなく，多くの生物の代謝によって絶えず別の物質に変換されていきます．これを元素のレベルで考えると，食物網の中の物質の移動をとらえやすくなります．窒素やリンといった生元素は生産者から高次の消費者に移動し，デトリタスとなり，生態系の中を循環しています．

　水域の**富栄養化**も，陸地から供給される栄養塩によるものです．湖の人為的な富栄養化は，生活排水に含まれる栄養塩や農地にまかれた肥料のうち余分なものが流れ出した栄養塩によってひき起こされることが多いです．自然の状態ではもともと栄養塩が少なかった湖に大量の栄養塩が流入すると，多くの場合，湖の表層で生活する植物プランクトンが急激に増加することになります．なかでも，水面近くに浮遊する植物プランクトンの塊は**アオコ**とよばれ，富栄養化した湖を象徴するものです．アオコをつくるのはシアノバクテリアですが，そのなかには，神経毒や肝臓毒などを産生する種もいます．

　人為的な富栄養化により急激に増加した植物プランクトンは，動物プランクトンに食べられにくい種類であることも多いため，上位の栄養段階に移行しない大量の物質がデトリタスとなって湖底に沈みます．湖底に堆積したデトリタスは，従属栄養の細菌などにより利用されますが，その分解（呼吸）の過程で水中の**溶存酸素**を大量に消費することになります．溶存酸素のほとんどは大気中の酸素が溶け込んだもので，表層と底層の間で水が混ざり合うことで底層に溶存酸素が供給されています．富栄養化した湖では，水が混ざりにくくなる夏季や冬季には，大量のデトリタスの分解による溶存酸素の消費がその供給を上回ってしまい，底層の溶存酸素濃度がかなり低くなったり，ときにはゼロになったりします．その結果，湖底やその近くに生活する魚類や無脊椎動物などが酸欠によって大量に死にます．これが人為的な富栄養化による一番の問題で

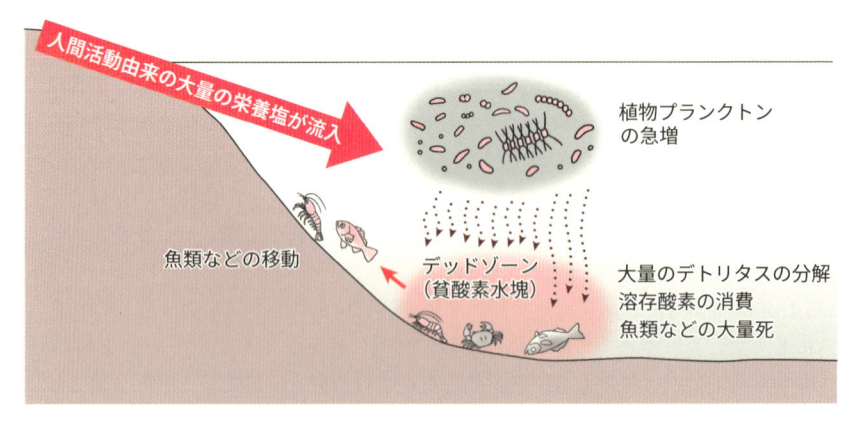

図 5・11　人為的な富栄養化によりデッドゾーン（貧酸素水塊）ができる

す．溶存酸素がほとんどない底層のことを**デッドゾーン**（**貧酸素水塊**）といいます（**図5・11**）．デッドゾーンは，富栄養化した湖沼だけでなく，閉鎖的な内湾などの海の沿岸域などでも発生し，水域の生態系と生物多様性に大きな影響を与えています．水域生態系での物質の循環が不全になったことで起こる環境問題の一つです．

　陸上生態系でも水域生態系でも，光合成や化学合成によって生産された有機物の量が，多くの生物の呼吸によって消費される有機物の量よりわずかでも多ければ，生態系に物質が蓄積していくことになります．自然の状態で時間をかけて蓄積した有機物は，土壌や堆積物の中に残ります．地球の歴史において，過去に，莫大な量の有機物が蓄積し堆積物の中に保存されたことがありました．それが，石炭や石油などの“化石”燃料をつくることになった有機物です．化石燃料は，いわば，過去の生態系が残してくれた有機物とエネルギーの貯金ともいえるでしょう．その化石燃料を利用することによって，人類の社会と経済は発展してきました．一方で，化石燃料を利用することでCO_2などの温室効果ガスが大気中に排出され，陸域や水域の生態系に一部は吸収されるものの，大気中に蓄積していく温室効果ガスは増えています．これが，人間社会にさまざまな被害や影響をもたらす気候変動の原因となっています．

　このように，陸域と水域の生態系では，物質の収支を決めている物質の蓄積や排出が，さまざまな生物のはたらきによって起こっています．物質の収支は，生態系の経済とも考えることができます．どれだけの物質を稼ぎ，貯金し，使っているかは，生態系のタイプや生態系の状態によって大きく異なりますが，人間活動の影響による改変も大きいのです．

5・4　栄養段階の制限要因

　消費者が，エサを食べてそれを消化し，自身の体に転換したエネルギーや物質の量は，食べたエサの量の一部でしかありません．まず，未消化のまま体外に排出される物質があります．また，消化・吸収したものの，消費者自身の体を維持するために，呼吸によって使われるエネルギーや物質もあります．さらには，エサとなる生物を消費者がすべて食べ尽くすことはできず，食べ残しがあったり食べにくいエサなどがあったりするため，エサの一部は食べられず残

ることになります．そのため，エサとなる生物の栄養段階と，消費者となる生物の栄養段階を考えたとき，消費者の栄養段階に移行するエネルギーや物質は，エサがもつエネルギーや物質の一部だけということになります．

　では，ある栄養段階から一つ上の別の栄養段階には，どれだけのエネルギーや物質が移行するのでしょうか．エネルギーや物質が，ある栄養段階から次の栄養段階に移行する割合のことを，**生態転換効率**（栄養段階間転換効率や栄養効率ともいう）といいます．この生態転換効率を調べた研究は多くあり，その値は2%から24%と幅広いのですが，平均すると約10%という値になるといわれています．言い換えると，ある栄養段階の生物がもつエネルギーや物質の約90%は次の栄養段階には移行しないということになります．栄養段階が一つ上がるにつれて約10%のエネルギーや物質しか移行しないので，栄養段階の数が多くなるほど，移行するエネルギーや物質の量は少なくなります．そのため，§5・1で説明したように，食物連鎖の長さには限界があり，どこまでも長い食物連鎖は存在しないのです．

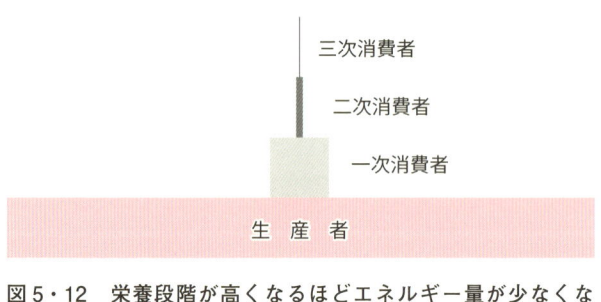

図5・12　栄養段階が高くなるほどエネルギー量が少なくなり，ピラミッドに似た構造となる　この構造を生態ピラミッドという．

　食物連鎖を生態転換効率の視点からとらえてみると，食物連鎖に特徴的な構造がみえてきます．それが**生態ピラミッド**です（図5・12）．食物連鎖の基礎となる生産者がもつエネルギーや物質の量が最も多く，生産者を食べる一次消費者のエネルギーや物質は生産者の約10%になります．二次消費者のエネルギーや物質は一次消費者の約10%となり，それはすなわち，生産者の約1%ということになります．さらに，三次消費者のエネルギーや物質となると，生産

者の約 0.1 % しかありません．もちろん，これらの数字は生態転換効率により変わりますが，栄養段階が上位になればなるほど，生産者が生態系にもたらす一次生産のほんのわずかしか残りません．実はこのことは，人間にとっての食料を考えるときにも重要です．一般的にいえば，上位の栄養段階にあたる高次の消費者の肉を食べることは，下位の栄養段階にあたる生産者（植物など）や一次消費者を食べるよりも，効率が低くなるからです．同じ面積の農地を考えれば，下位の栄養段階にあたる食料を利用するほうが，多くの人口を養えるということです．

　食物連鎖にみられるピラミッド状の構造はさまざまな生態系で共通してみられるものの，生態ピラミッドのサイズには大きなばらつきがあります．まず，ピラミッドの基礎にあたる生産者による一次生産は，場所や時間によって異なります．どんな要因が一次生産を決めているのでしょうか．

　陸上生態系の一次生産は，おもに，気温と降水量によって決まっています．熱帯多雨林は，陸上生態系のなかで最も一次生産が多いことで知られていますが，それは湿潤で暖かい気候条件が植物の一次生産を高めるからです．一次生産が多ければ，それによって支えられる上位の栄養段階の生物も多くなります．一方，降水量が非常に少ない砂漠の生態系では，植物はほとんど育たないため一次生産は低くなります．また，水は多くあっても気温が低いツンドラの生態系では，夏の短い期間しか一次生産ができないため，一年を通しての一次生産は低くなります．それ以外のさまざまな陸上生態系を比較しても，温度が高く水分が多く得られる生態系ほど一次生産が多いという傾向がみられます．また，同じタイプの生態系であっても，場所や時間によって温度と水分の環境条件は変化するので，その影響を受けて一次生産が変動します．

　水域生態系の一次生産は，おもに，光と栄養塩によって決まっています　太陽光は，光合成による一次生産のエネルギー源ですが，海洋や湖沼のどこにでも光が届くわけではありません．光は水の中を透過するとき，水の分子やさまざまな物質によって吸収され反射されるので，水深が深くなるほど光の量は減衰していきます．表層では光は多くあり一次生産が多くなりますが，水深が深くなるにつれ光は少なくなり一次生産も少なくなります．ある一定の水深では，光合成による一次生産と生物の呼吸の量が等しくなり，それより深い水深では，呼吸による物質の消費のほうが大きくなります．そのため，太陽光が届

かない深海の生態系では，海洋の表層で生産された有機物がデトリタスとなって沈降する**マリンスノー**が，生態ピラミッドを支えています．深海では，海底に沈んだクジラの死骸（デトリタス）が，多くの深海生物のエサとなることもあります．

光が十分にある表層であっても，一次生産は場所によって大きくばらつきます．それは栄養塩の影響によるものです．ある種類の栄養塩が増えるのに応じて一次生産が増えるとき，その栄養塩のことを**制限栄養塩**といいます．海洋と湖沼でのおもな制限栄養塩は窒素やリンですが，海洋では鉄が制限栄養塩となることもあります．これらの制限栄養塩が多く供給される生態系では一次生産が多くなります．たとえば，海洋の沿岸にある生態系では，陸域から河川などを通して栄養塩が供給されるので，一次生産は多くなります．外洋の生態系であっても，高緯度の極域周辺や赤道付近の海洋では，栄養塩に富んだ深層の水が栄養塩が少ない表層に上がってくる湧昇が起こっており，一次生産が多くなります．最も一次生産が少ないのが，中低緯度の外洋です．湖沼では，人為的な富栄養化がない限り，深くて大きい湖ほど栄養塩は少なく一次生産も少なくなります．

5・5　地球上のさまざまな生態系をみてみよう
5・5・1　さまざまな生態系

地球上には，陸上の森林や草原，水域の陸水や海洋などさまざまな生態系が存在しています．**図5・13**には，熱帯雨林やサンゴ礁，針葉樹林，ステップ草原，渓流，水田を示しましたが，これらは生態系のほんの一部の例にすぎません．生物が生存できない地殻深部やマグマの中などを除けば，地球上のすべてに生態系があるのです．

私たちからすれば，生物が棲むには厳しいように思われる環境にもさまざまな生物からなる生態系があります．南極海は莫大な生物量のナンキョクオキアミを中心にした，魚類，ペンギンやアジサシなどの鳥類，アザラシやクジラなどの哺乳類などからなる豊かな生態系を形成しています．外界と隔絶された生態系をもつ洞窟も，世界各地で見つかっています．そこでは硫黄化合物，メタン，鉄，水素などをエネルギー源として特殊な微生物が育ち，さらに上位の生物へと続く食物連鎖を支えています．

　一方，生態系は，地球全体や大陸，海洋といった大きなものから，動物の消化器内の小さなものまで，大きさもさまざまです（図5・14）．花壇で育つ動植物からなる生態系や，水槽中の魚，貝，藻類からなる生態系などは，身近で観察するのに適した大きさの生態系であるといえるでしょう．

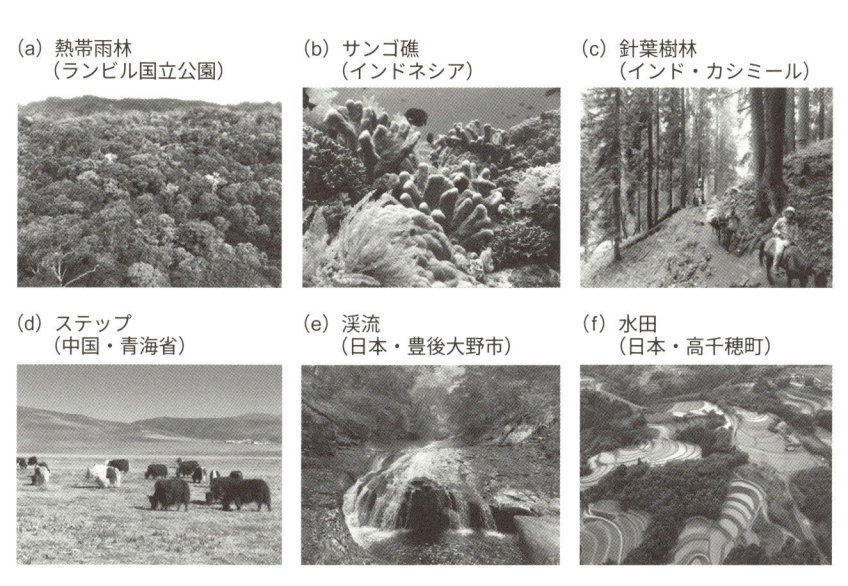

(a) 熱帯雨林
　　（ランビル国立公園）

(b) サンゴ礁
　　（インドネシア）

(c) 針葉樹林
　　（インド・カシミール）

(d) ステップ
　　（中国・青海省）

(e) 渓流
　　（日本・豊後大野市）

(f) 水田
　　（日本・高千穂町）

図5・13　地球上にはさまざまな生態系がある［撮影：(a) 德本雄史，(b) 深見裕伸，(c〜f) 西脇亜也］

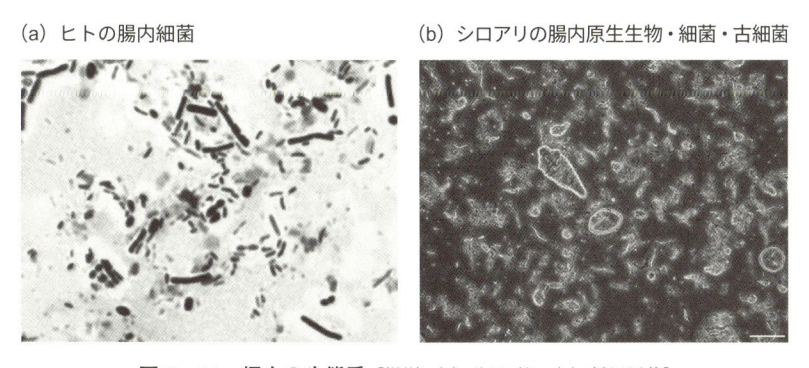

(a) ヒトの腸内細菌

(b) シロアリの腸内原生生物・細菌・古細菌

図5・14　極小の生態系［撮影：(a) 井口 純，(b) 稲垣辰哉］

5・5・2　環境の違いと生態系

　さて，環境が異なれば，その地域でみられる生態系が異なります．たとえば，ある地域が砂漠になるか，草原になるか，森林になるかは，気温や降水量といった気候の特徴に影響されます．地域の気候は太陽光線の入射量，大気と水の地球規模の動き，そして地球の表面の主要な地形などによって決まっています．陸上の生物相の分布は，それぞれの地域の気候によく対応しており，共通の気候条件のもとに生息する生物のまとまりを**バイオーム**とよびます．

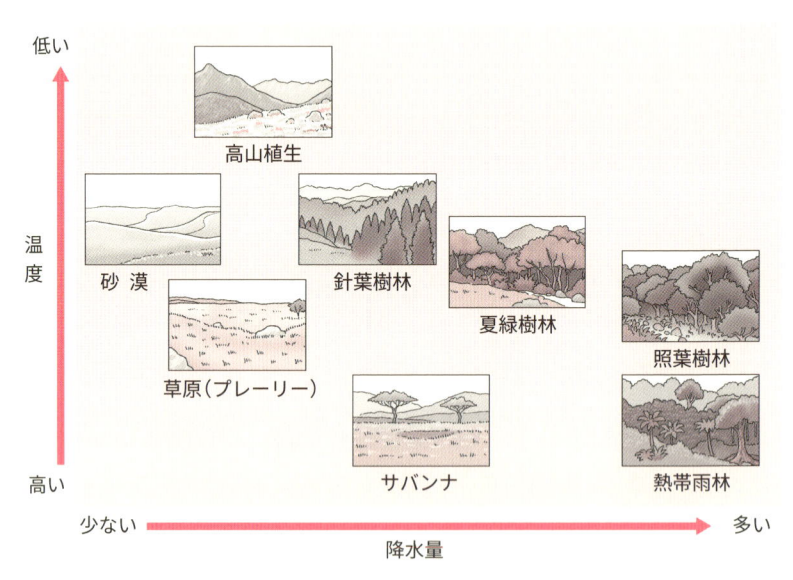

図5・15　バイオームの分布はそれぞれの地域の気候によく対応している

　次に，各気候とバイオームの関係をみていきましょう（図5・15）．まず，降水量が十分にある場合，年平均気温が高い地域から低い地域にかけて，熱帯雨林，照葉樹林，夏緑樹林，針葉樹林，ツンドラや高山植生などのさまざまなバイオームがみられます．一方，温帯においては，降水量が多い地域から少ない地域にかけて移ると，照葉樹林や夏緑樹林から草原（プレーリー，ステップ），砂漠に変わります．熱帯においては，降水量が多い地域から少ない地域に移ると，熱帯雨林からサバンナ，砂漠へと変わります．

図 5・16　水域のさまざまな生態系 ［撮影：(a) 深見裕伸，(b〜d, g〜h) 西脇亜也，(e, f) 村瀬敦宣］

　水域の生態系も環境が違うとみられる生態系が異なります．塩分濃度，水温，水深，水流速度のような環境の物理的条件の違いによってサンゴ礁や，陸地から遠く離れた外洋，水底近くの底生帯，潮間帯，海水と淡水が混じり合う河口などの汽水域，河川，湖沼，水を多く含む土地である湿地などに変化します（図5・16）．

　このようにさまざまな気候や環境に対応して多様なバイオームや生態系が存在しています．それぞれの生態系では，その環境で生活する生物がさまざまな関係をもちながら生活しているため，ある地域において多様な生態系があると，そこに生活する生物も多様になります．

　陸域と水域，森林と草原など，異なる環境が連続的に推移して接している場所は**エコトーン**とよばれ（図5・17），一般に，生物の多様性が高いことで知

(a) 潮間帯の岩礁　　　　　(b) 潮間帯の潮溜り　　　　　(c) 森林と草原の境界

図5・17　異なる生態系が接している場所（エコトーン）は生物多様性が高い
［撮影：(a, c) 西脇亜也，(b) 村瀬敦宣］

られています（§6・2参照）．たとえば，海と陸とが接する潮間帯は，干潮時には水面より上にあり，満潮時には水中にあります．潮間帯には，潮溜り（タイドプール）や，岩や砂地などのいろいろな場所があり，ここには，ヒトデ，ウニ，貝類，フジツボなど，さまざまな生物が生息しています．

　また，森林と草原の境界では，森林と草原に生息する生物だけでなく，林縁を利用するツル植物やチョウなどの昆虫類も多く，生物の多様性が高い生態系となっています．森林と草地，農地，水域が連続的に推移する場所として設計された農村ビオトープは，エコトーンをつくり出すことで生物多様性を回復させた好事例です．

5・5・3　人間の活動による生態系の変化

　どこにどんな生態系がみられるかについては，気候によって決まる部分が大きいのですが，人間の活動による撹乱も非常に強い影響を与えています．これを確認するために，バイオームの分布図であなたが住んでいる場所を探してみてください．たとえば日本のバイオームの水平分布の図（図5・18）を見ると，人が多く住んでいる平地では，北海道中央部，東部の平地は**針広混交林**，北海道南部から東北，中部にかけては落葉広葉樹林（**夏緑樹林**），関東から九州は常緑広葉樹林（**照葉樹林**），琉球列島は**亜熱帯雨林**となっています．

　さて，地図上のバイオームはあなたの周りでみられる生き物たちを正しく反映させられているでしょうか？「違う」と感じる人がほとんどでしょう．北海道中央部，東部では農地（畑地や牧草地）や二次林（シラカバなど）が，北海道南部から九州では農地（水田など）や二次林（コナラ，アカマツ），植林地（ス

ギ，ヒノキ），竹林（モウソウチクなど）が，琉球列島では農地（サトウキビなど）や二次林（リュウキュウマツなど）が多くみられます．これは，針広混交林や落葉広葉樹林（夏緑樹林），常緑広葉樹林（照葉樹林），亜熱帯雨林などのバイオームが長い年月の間に薪や炭に利用されたり，二次林や植林地，農地に変わったりしたためです．

このようにバイオームの分布図は人間の活動の影響を受けない“極相”（§4・7・3参照）状態の生態系を推定したものです．つまりそれぞれの地域の気候において最終的に成立しうる植生です．しかし，実際には植生が極相に達する前に，人間が都市や農地，二次林，植林地などに変えてしまっています．

人間が生態系を徹底的に長い時間をかけて変えてきたために，変わった後の

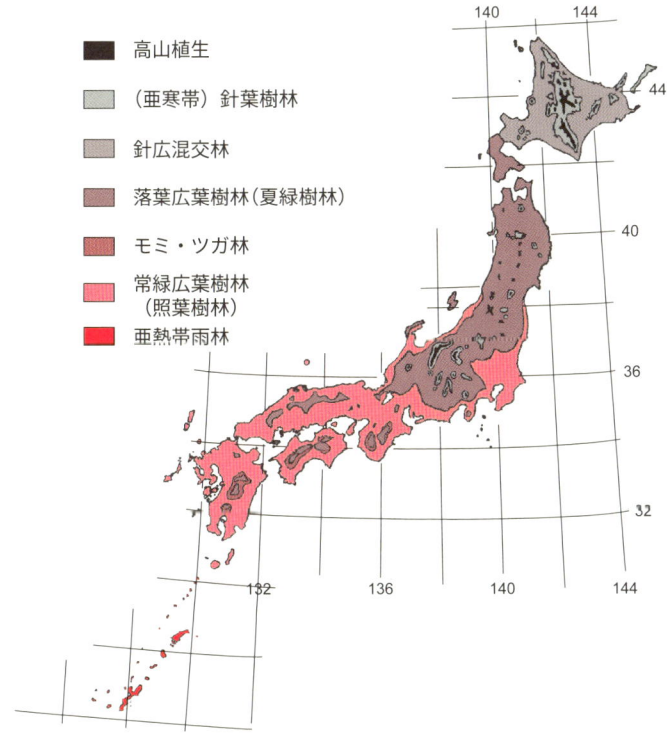

図5・18　日本のバイオームの水平分布図　［吉岡邦二，“植物地理学（生態学講座 12）”，共立出版（1973）を改変］

生態系が"自然"なものだと思われている場合もあります．たとえば，日本の
里山は，そのような生態系の一つですが，多くの人は，かけがえのない"自然"
の一つであるととらえています．里山の雑木林や草地は，樹木を伐採し，柴と
よばれる低木を刈ることによって地面近くまで明るく保たれ，さまざまな動植
物が生育できるようになっています．人間による適度な撹乱によって生物多様
性が高く保たれ，氷河時代から生き延びてきた多くの生き物たちの避難所と
なってきました．また，里山は食文化や祭礼など多くの文化を生み出してきた
ため，私たちの自然観にも大きな影響を与えています．しかし，近年では，里
山を維持してきた農村の衰退によって，雑木林や草地の利用が行われなくな
り，里山の生物多様性は大きく低下し，以前はふつうにみられた生き物の多く
が絶滅危惧種に指定されるようになっています．

　都市生態系も，人間が長い時間をかけて変えてしまった生態系です（§6・1・
6 参照）．都市では多くの人が膨大なエネルギーや資源を消費するために，都市
内の環境は周囲とは大きく異なっています．また，都市では人が飼育・栽培す
る生物や，人の往来に伴って移動する生物が多いのです．これらの理由により，
さまざまな外来種を多く含む都市特有の生態系が形成されています．

5・5・4　水域の生態系は陸上の生態系，気候，人間活動によって影響される

　水域の生態系は，陸上の生態系によっても，気候によっても，そしてまた人
間の活動によっても大きな影響を受けます．たとえば，地形は，湖の位置や川
の水流の速度，方向を決めています．そして，陸上の生態系から水域の生態系
へ水が流れるとき，陸上の生態系にあった栄養分が溶け出して水域の生態系に
持ち込まれることになり，これは§5・3でみた"富栄養化"とも関連してい
ます．

　水域の生態系は気候の影響も強く受けています．たとえば日本のような温帯
地域では，秋と春に湖の表面付近の酸素の豊富な水が，下の方に沈み，酸素を
湖底にまで送り込むとともに湖底の酸素の乏しい水が押し上げられます．この
循環によって，水深が深いところにいる生物たちは酸素を多く利用できていま
す．しかし地球温暖化が進行すると，水の循環が起こりにくくなって，湖の生
物たちに悪影響が出ることが心配されています．

　さらに，気候は外洋にも重要な影響を与えます．たとえば，気候は世界の外

洋の温度，海面の水準，塩分濃度を左右しています．そして，海洋の物理的条件はそこに生息する生物に劇的な影響をもたらします．オーストラリアのグレートバリアリーフとよばれる世界最大のサンゴ礁地帯では2016年にその北部のサンゴ礁の95％で，共生している藻類が死んでしまう**白化**という現象が起こりました．これは，地球温暖化と太平洋赤道域の海水温が異常に上昇する気候変動現象（エルニーニョ現象）による海水温上昇の影響だと考えられています．このように，気候は海の生物に強力な影響力をもっています．

　また，陸上の生態系と同様に，水域の生態系は人間活動の影響を強く受けています．湿地や河口は開発事業によって破壊されることの多い場所です．河川，湿地，湖沼，海洋の沿岸域の生態系は世界中のほとんどの場所でさまざまな汚染物質による悪影響を受けているのです．

Box 5・3

地球内部や地球外の天体にも生態系？

　地球表面積の70％を占める海洋地殻の上部を構成する岩石は，溶岩が冷え固まった玄武岩ですが，最近，玄武岩の亀裂を埋める粘土鉱物の中に人間の腸内微生物と同程度の密度の微生物からなる生態系が発見されました．海洋地殻上部の玄武岩は，火星の表面の大半を覆う岩石でもあり，岩石と水が反応して形成される粘土鉱物も同じ種類であることから，火星の岩石内にも類似する生態系が存在する可能性があると考えられています．現在，生態系の存在が確認されているのは地球だけですが，火星や木星の衛星であるエウロパなどには液体の水が存在するという証拠が得られつつあり，これらにも生物が存在する期待が高まっています．将来的には地球以外の生態系が発見されて地球の生態系との比較研究が行われるかもしれません．

6 ヒトの時代の生態系

6・1 ヒトによる生態系の改変

　私たち，**ヒト**（*Homo sapiens*）は，現在の地球で最も繁栄している動物の一つです．地球上の総人口は，2022年にはおよそ80億人に達していて，今世紀中に100億人を超えると予想されています．ヒトは，南極大陸など一部の地域を除いた世界中の大陸や島々に広く分布しています．野生で暮らすすべての哺乳類の総生物量（炭素の重さに換算した重さ）の推定値が約700万トンなのに対して，ヒトの総生物量はその約9倍の6000万トン，家畜の総生物量は約14倍の1億トンと推計されています．また，別の試算では，2020年時点でヒト

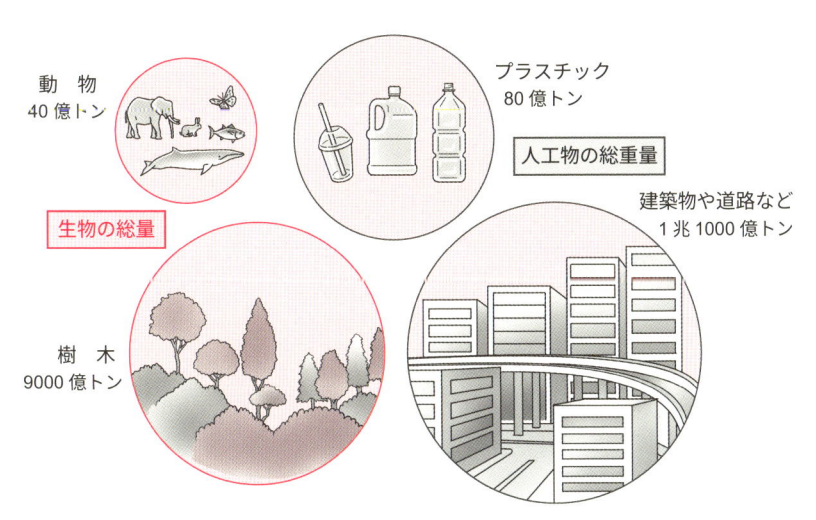

図6・1　人工物（プラスチックや建築物）の総重量はいまや総生物量に匹敵する
［Elhacham, E, *et al.*, *Nature* **588**, 442-447（2020）をもとに作成］

が暮らす空間で使われるコンクリートなど人工物の総重量は，植物や昆虫，菌類，細菌などをすべて含んだ地球上の総生物量（乾燥させたときの重さ）と同程度になっています（図6・1）.

　ヒトは，陸地だけでなく海洋を含む地球上のあらゆる生態系に強い影響を及ぼす存在になっています. 2020年時点で，世界の森林面積は約40億ヘクタール（ha）で，これは陸地の約31％に当たります. 広く森林が残っているように感じますが，1990年からの30年の間にヒトの活動により失われた森林の面積は1.8億haにも上りました. これは日本の国土の約5倍です. 森林が消失すれば，そこで暮らす動物たちの生息地もなくなります. また，ヒトの活動による二酸化炭素やメタンなどの温室効果ガスの排出は地球温暖化をひき起こし，海洋酸性化の原因にもなっており，多くの生物の生息地の環境を変えてしまっています.

　このようなヒトの起こす地球規模の環境改変により，現在，過去の5度の大量絶滅期と並び称されるほど，多くの生物種が失われつつあります（§6・2参照）. 世界自然保護基金（WWF）は陸上，淡水，海洋に暮らす脊椎動物の14,700の個体群を対象に個体数の増減を調査しています. その結果によると，1970年から2016年の間に，平均で約7割も個体数が減少していました. また，このデータを再解析した別の研究から個体数が増加している種もあるものの，特に体の大きな種は個体数を大きく減らしていることがわかりました. 地域個体群の消失という局所的な絶滅も含めると，生物種の絶滅は世界各地で確認されていて，種の絶滅率はヒトの誕生以前に比べて約100倍になっています. さらに近い将来は1000倍にもなると予測されています（図6・2）.

　このように，地球環境はヒトの活動により大きく変貌してきました. オゾンホールの研究者クルッツェン（P. J. Crutzen）は2000年の国際会議で，地質年代の区分について，最終氷期後に始まった完新世はすでに終わり人新世（ひとしんせい とも読む，Anthropocene）ともいえる新しい時代に入っていると提言しました. それを受けて，2009年に国際地質科学連合（IUGS）が人新世作業部会を立ち上げ，公式化の妥当性や開始年代・模式層の候補などについて15年の議論を経て，2024年3月に人新世を地質学的な年代とするという提案を行いました. この提案は結果的に否決されましたが，IUGSのレポートでは，"人新世"という用語が，地球の気候・環境システムに対するヒトの影響を表すた

めに，科学的・一般的な言説の中で非公式に広く使われ続ける可能性が高いことを認めています．人新世が使われ続けるということは，ヒトの活動が地球規模で環境や生態系に強く影響を及ぼす時代に私たちは暮らしていることを意味します．本節では，ヒトが生態系や他の生物にどのような影響を与えてきたのかについて，農業開始以前の狩猟採集生活の影響，農業の影響，都市拡大の影響に着目してみていきます．

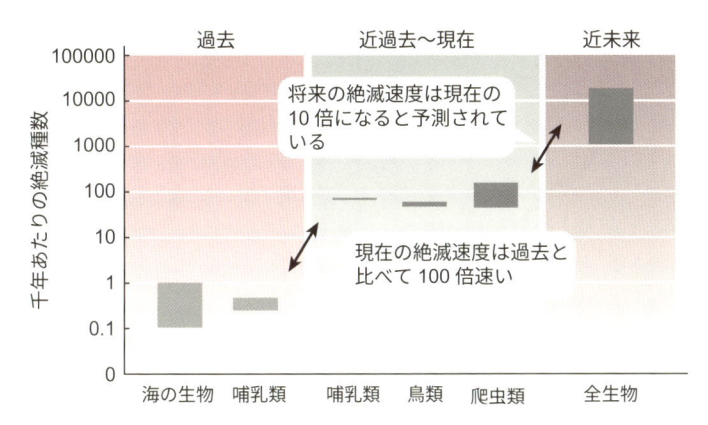

図6・2 生物の絶滅速度は急上昇している 過去，近過去および将来の千年あたりの絶滅種数の比較．過去は化石情報から，近過去は記録から，将来はモデルから絶滅種数を推定．[Millennium Ecosystem Assessment, "Ecosystems and Human Well-being: Synthesis", Island Press (2005), p.5, Fig.4 をもとに作成]

6・1・1 狩猟採集生活時代の生態系への影響

ヒトの誕生に至るまでの初期の人類進化において，二足歩行，石器の利用，大きな脳，さらに文化を獲得したことは，ヒトが後に地球規模でさまざまな生態系に影響を与える能力をもつに至った礎になりました．二足歩行により長距離移動が可能になったヒトは，誕生の地であるアフリカを出て，世界中に分布を広げました（図6・3）．ヒトは石器を使うことで，生身の限界を超えて，森林を切り開き，大きな動物を狩ることができるようになりました．ヒトの祖先と考えられている**ホモ・エレクトス**（*Homo erectus*）は，現代人の約2/3にもなる大きな脳をもっており，それ以前の初期の人類種よりも洗練された石器を作り，火を利用していたことが知られています．火の使用により，広範囲に植生を焼いて狩場を作ることも，加熱調理をすることもできるようになりまし

た．これらはより効率的な食料調達につながりました．さらに後のヒト属は，より多くの獲物を狩るスキルや火の利用方法などの知識を広め，文化や社会をさらに発展させました．そして，それらの知識を次世代へ継承できるようになったため，周辺環境への影響を強めることになりました．

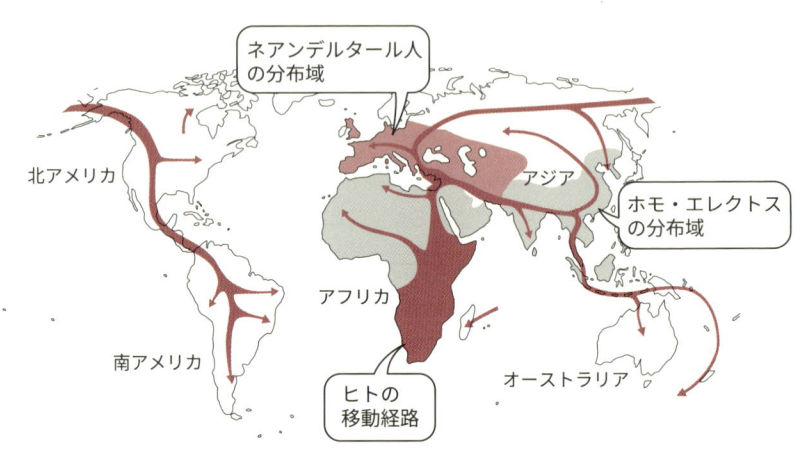

図6・3　人類の分布拡大の変遷　アフリカ大陸から，ユーラシア大陸，オセアニア，アメリカ大陸へと分布を拡大．[Lewis, S. L. & Maslin, M. A., "The human planet: How we created the Anthropocene", Pelican (2018), p.102, Fig.3.2 をもとに作成]

　現生人類であるヒトは，20〜30万年前にアフリカで誕生し，ホモ・エレクトスやハイデルベルク人（*Homo hiedelbergensis*）と同様にアフリカから分布を広げました．1万2〜5千年前には南アメリカ大陸までたどり着いていたとされています．ヒトは，石器や火を巧みに使い，集団で狩猟を行うことで，主要な獲物である大型の動物種を大量に狩ることができたと考えられています．その証拠に，ヒトが分布を広げると同時に，世界各地で**メガファウナ**（おおよそ人と同じかそれよりも大きな動物群）の絶滅がみられます．たとえば，大型の鳥類であるモアの仲間は，マオリ族がニュージーランドへたどり着いた直後，短期間のうちに，約10種いたものがすべて絶滅しています．メガファウナの絶滅は，地域ごとに異なる年代に起こっています．マンモス類やディプロトドン，オオナマケモノ，グリプトドンなどのメガファウナはヨーロッパでは5万年から7千年前の間に，オーストラリア大陸では約4万5千年前に，北アメリ

カ大陸では約1万5千年から1万年前に，南アメリカ大陸では1万3千年から7千年前に，太平洋の島々では1〜3千年前に絶滅しています．日本においても，メガファウナは2〜3万年前に姿を消しました．1973年，マーティン（P. S. Martin）は，後期更新世から完新世初期までにみられたメガファウナの絶滅はヒトによる乱獲でひき起こされたものだとする仮説を提唱し，絶滅の原因は気候変動であると主張する研究者との間で大きな論争を巻き起こしました．この論争は，現在も続いていて，それに関係する研究も行われています．北極圏では，マンモスや他の大型の植食動物の絶滅要因がヒトによる乱獲であるとはいえないとする研究成果が報告されています．逆に，南北アメリカ大陸やオーストラリア大陸では，メガファウナの絶滅は気候変動だけでは説明できないとする研究も多く発表されています．現段階で論争に白黒つけるのは難しいのですが，地域によってはヒトの狩りによる影響は無視できないほど強かったということはできるでしょう．

メガファウナの絶滅のもう一つの特徴は，ヒト科が分布を広げた時代が遅い地域ほど，絶滅した種の割合が多いことです．南北アメリカ大陸では約70〜80%，オーストラリア大陸では90%近くの大型哺乳類が絶滅している一方で，アフリカ大陸ではおよそ20%，ユーラシア大陸では40%弱にとどまっています．メガファウナが，ヒト科と長く共存していたアフリカ大陸などの地域では，動物たちがヒトから逃げきる習性を身につけていたのかもしれません．

また，この時期にネアンデルタール人（*Homo neanderthalensis*）やデニソワ人など複数のヒトの近縁種・亜種も絶滅しています．絶滅の原因としては，ヒトと食べ物や棲む場所をめぐって競争関係があった，もしくは直接的な闘争があった可能性が考えられます．ただし，これら絶滅人類は一万年もの間ヒトと共存していました．さらに，ヨーロッパやアジアの一部のヒトのゲノム中にはネアンデルタール人やデニソワ人に由来する遺伝子がみられることから，種間・亜種間の交配もあったことがわかっています．

過去に起こったメガファウナ絶滅が生態系に与えた影響を，定量的に示すことは難しいです．しかし，現存するメガファウナによる生態系への影響から推測することは可能でしょう（図6・4）．たとえば，ゾウ類やウシ族などの大きな植食動物は，草本だけでなく木本の小枝や樹皮を大量に摂食したり，移動の際にさまざまな植物を踏み倒したりするため，密度の高い森林景観を減らし，

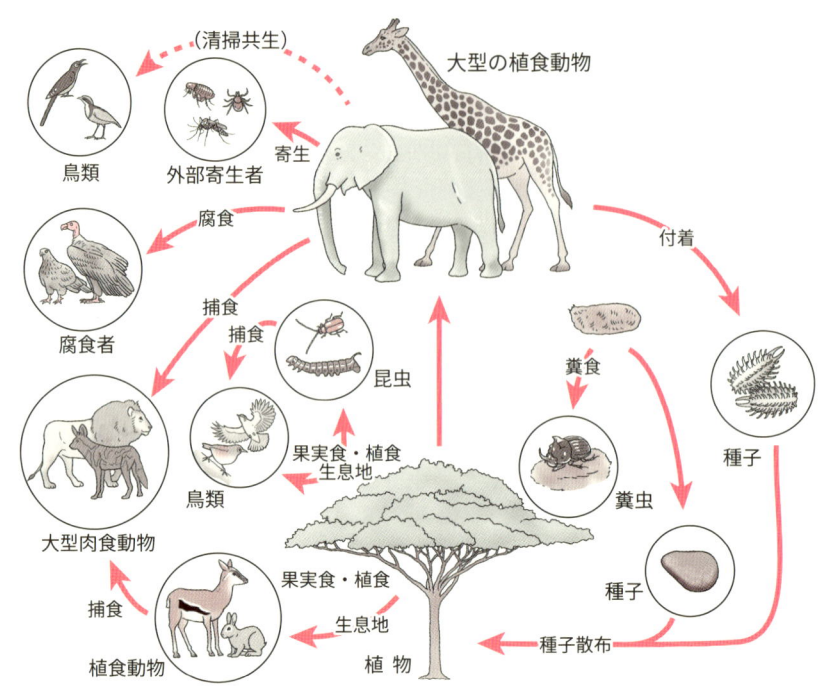

図6・4　大型の植食動物を中心とした生物間相互作用ネットワーク
［Galetti M, *et al.*, *Biological Review* 93, 845-862（2018）をもとに作成］

草原などの開放的な景観を増やすなど生息域の植生に大きな影響を及ぼしてい
ます．絶滅したメガファウナもこれと同様の影響を生態系に与えていたとした
ら，メガファウナが失われたことが，後の広範囲にみられた森林増加の原因の
一つであるのかもしれません．

　また，大きな植食動物種に依存して暮らす生物種が多くいたことも知られて
います．これらの種の捕食者や寄生者だけでなく，その遺体や糞を利用する腐
肉食者や糞食者，種子散布を依存する植物や体外寄生虫を捕食する鳥類などで
す．これらのうち，メガファウナへの依存がより強い種は，この時期に大量に
共絶滅したとされています．例としては，大型のチスイコウモリの一種や大型
の糞虫類，大型のハゲワシ・コンドル類などがあげられます．さらにメガファ
ウナの絶滅は温室効果ガスであるメタン生成の減少にも寄与したと考える研究
者もいます．ウシなどの反芻動物と同じように，絶滅した大きな植食動物も，

植物を消化する過程で胃に共生する微生物の働きで大量のメタンを排出していたと考えられるからです．そのためメガファウナの絶滅は，大気中のメタン含量の低下をもたらし，最後の氷河期が終わり，温暖化が始まったのちにみられた地球規模の寒冷化に貢献したともいわれています．ただし，メガファウナの絶滅による生態系や地球環境への影響については仮説の域を出ないものも多く，今後の精緻な検証が待たれるところです．

6・1・2　農業生態系

　ヒトは20万年以上前に遡るその誕生以後，長い年月狩猟採集に依存した生活を送っていました．その後，最終氷期終盤から完新世の半ば（約1万2千年～4千年前）にかけて世界中のいろいろな場所で作物の栽培や家畜の飼育などの**農業**活動を始めたと考えられています（**図6・5**）．各地において，農業文化は突発的に短期間に確立されたのではなく，数百年から数千年という時間をかけてゆるやかに成熟していったことがわかっています．日本においてもダイズなどの豆類やクリの栽培化が縄文時代前期・中期から晩期と数千年をかけて進行したと考えられています．ここでは，農業はいかに環境を変え，どのような影響を生態系に与えてきたのかみていきます．

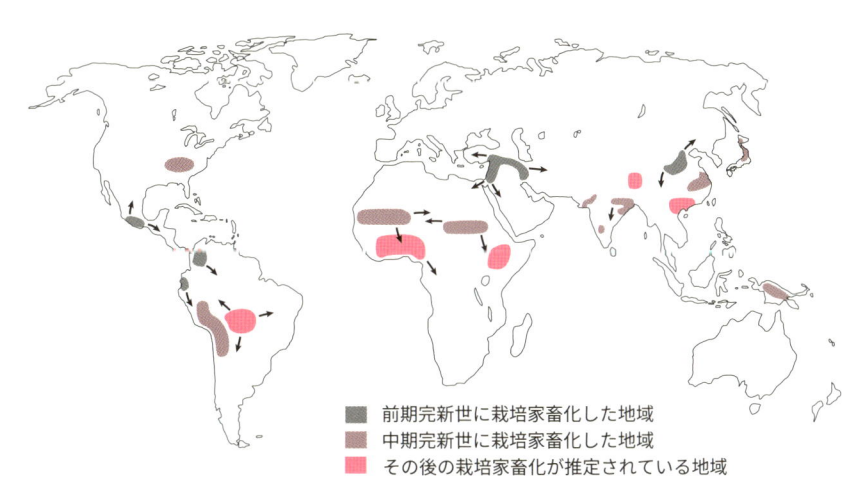

■ 前期完新世に栽培家畜化した地域
■ 中期完新世に栽培家畜化した地域
■ その後の栽培家畜化が推定されている地域

図6・5　推定されている作物・家畜の栽培・飼育の発祥と伝播
［Larson, G, *et al.*, *PNAS* 111, 6139-6146（2014）をもとに作成］

6・1・3　農地の拡大

農業活動は，狩猟採集活動よりも非常に多くの労力と時間を要します．また，栽培や飼育に適した植物や動物の種は限られ，それらの種を野外で見つけ，さらに栽培化・家畜化するのにも長い年月と大変な労力がかかります．そのため，農業がヒトの暮らしの中に定着することは簡単ではなかったことでしょう．しかし，いったん農業が定着すると狩猟採集に比べて得られる食料や繊維の量は大きく増えます．また，獲物が得られるかどうかわからない狩猟とは違い，農業は確実に食料を供給することができます．このような利点があるため，ヒトはしだいに農業に依存した生活へと移行してきました．今日では，約80億の世界人口のほとんどが農業による食糧・繊維生産に依存した生活を送っていて，狩猟採集に依存した生活を送る人々は100万人に満たないといわれています．

現在，世界の農地面積（草本作物や家畜飼料，バイオ燃料を生産する農地を合計した面積）はおよそ1244万 km^2 で，陸地の9%強を占めています．この値には放牧地や移動耕作地（焼畑），樹木作物の耕作地の面積は含まれていないため，実際の農地面積はもっと広いと推察されます．多くの農地（**農業生態系**）は，もともと存在していた自然生態系を切り開いて作られ，外の生態系から持ち込んだ動植物を単独で，あるいは少数の種に絞って飼育・栽培します．そのため，農地の拡大は，在来の生態系や生物多様性に大きな影響を与えてきました．ある研究では，原生的な生態系に比べて農地では種の多様性が約30〜40%低下するという結果が出ています．21世紀初頭の20年間でみてみると，世界の農地は南アメリカとアフリカを中心に約100万 km^2 拡大しています（図6・6）．増加した面積の約半分は自然植生や植林地を切り開いて作られたため，農地の増加に伴う森林の喪失や生息地の断片化による生物多様性への影響が懸念されています．また世界では年に5〜6万 km^2 の農地が砂漠化し，全農地面積の25%で土壌の劣化がみられるとされていて，農地開発がその後の生態系の環境劣化の要因にもなっています．

第5章にもあったように，森林は二酸化炭素を多く固定します．一方，農地はこのような炭素蓄積が少なく，大気中に放出される二酸化炭素が多い生態系です．また日本では，水田やウシなどの家畜からのメタン放出が，国内のメタン排出の約80%を占めています．これらのことから，農業の拡大は温暖化の

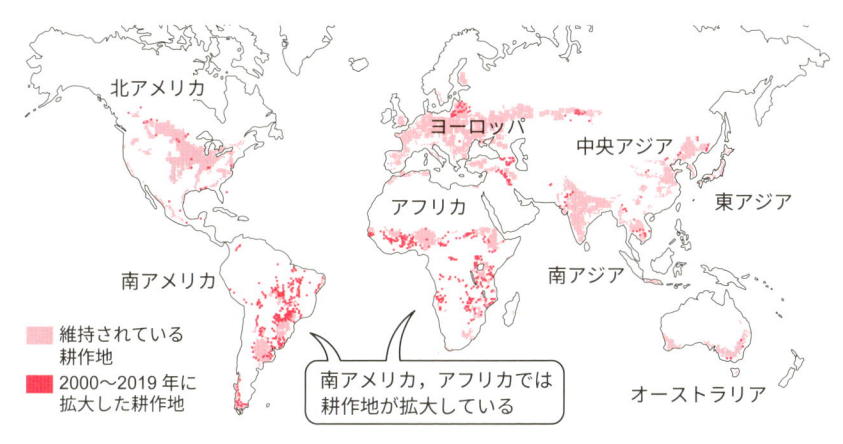

図6・6 2000年～2019年における世界的な耕作地の増加
［Potapov, P, *et al., Nature Food* 3, 19-28 (2022) をもとに作成］

進行にも影響を与えているといえるでしょう．以上のように，世界中に広がった農業生態系は，陸上生態系の劣化や温暖化の促進などを通して生物多様性の減少をもたらす要因となっているのです．

6・1・4 ヒトのつくった里地里山

　一方で，ヒトの農業活動に適応した生物が多く暮らす農業生態系も知られています．日本の**里地里山**は，そのような農業生態系がいくつも組合わさってできていて，ヒトの活動によって維持されてきました（**図6・7**）．水田を中心に，ため池や水路，畑，草地，薪炭林（里山林），竹林など，さまざまな生態系で構成されるモザイク状の景観になっています．水田は稲作のために，ため池や水路は水田に水を供給するために，畑はハギ類などの穀類や野菜の生産のために，草地は牛馬を放牧し，屋根材や牛馬の餌，水田にすき込む緑肥（刈敷）を採るために，里山林は薪や炭焼きに使う樹木や柴（焚き付けに使う枝），肥料とする落ち葉を採集するために，竹林はタケノコや籠編みの材料を得るために，それぞれ維持されてきました．

　このような異なる用途のために維持されてきた生態系要素がモザイク状に存在することで，里地里山は多くの生物種が暮らす場所にもなっています．たとえば，トノサマガエル，アマガエルなどの多様なカエル類やサンショウウオ類

が産卵や採餌のために水田を利用し，そのカエル類を捕食するヤマカガシやシマヘビなどのヘビ類，サギの仲間などの鳥類，タガメやタイコウチなどの水生昆虫も水田を利用しています．また水田と水田に水を供給するため池や水路には，メダカ類やドジョウ，カワバタモロコなど豊富な魚種がヒトの水管理に適応して暮らしています．水田の畦などにみられる草地では，ヒトによる草刈りや火入れがなければ優占種に負けて生育できない非常に多様な草本類がみられます．秋の七草として知られるキキョウやオミナエシ，カワラナデシコ，ススキ，ハギ類はその一部です．また草地にはこれらの草本類を食草とするショウリョウバッタなどのバッタ類が多く生息し，花にはベニシジミやジャノメチョウなどのチョウ類やニホンミツバチなどのハナバチ類，ハナアブの仲間が多く訪れます．カヤネズミもヒトの管理した草地でよくみられます．

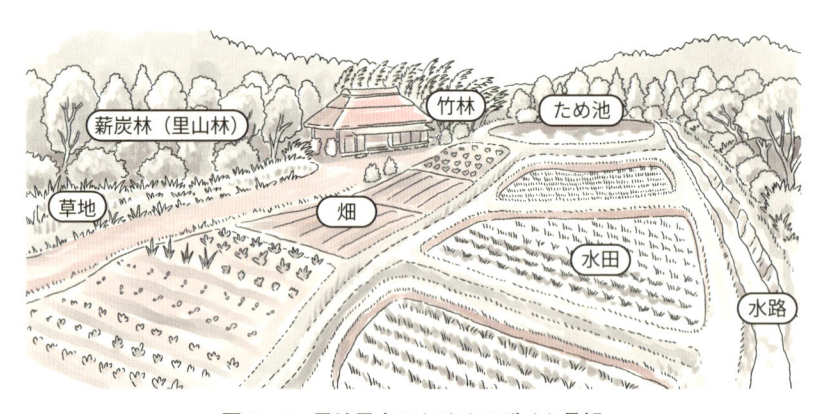

図6・7　里地里山におけるモザイク景観

　里山林では，繁殖力や再生能力が高くヒトの伐採圧に強い樹種が多くみられます．地域や地形によって異なりますが，クヌギに代表されるナラ・カシ・シイ類（ドングリをつくるブナ科植物）やアカマツ，多様なツツジ類などが多くみられます．カブトムシの幼虫は里山林の腐葉土の中で成長し，成虫はクヌギやコナラなどの出す樹液に集まります．樹液にはほかにも，クワガタムシの仲間，カナブン，オオムラサキなどのタテハチョウの仲間，スズメバチ類など多様な昆虫がやってきます．ヒトが定期的に落ち葉かきをしているアカマツ林の林床ではマツタケがみられます．また，キジやコウノトリ，アマガエルのよう

に，水田や畑周辺と，草地や里山林の間を行き来し，複数の環境を利用する生物種も里地里山では多くみられます．

一方で，水田やコムギ畑といった農地の周りには，かつて稲作畑作の導入期に侵入したエノコログサ（ねこじゃらし）やオオバコなど史前帰化植物（侵入時期の記録がなく，在来種として扱われる植物）や奈良時代に野菜と一緒に侵入したとされるモンシロチョウのように農作物とともに日本にやってきた昆虫なども多くみられます．これらの生物は，日本に侵入以後，長い年月をかけて，日本の農地環境に適応してきました．またヒメジョオンのように近年侵入した外来植物も多く分布しています．農作物の移動に伴う農地周辺への外来生物の侵入は，日本に外来生物が侵入・適応し，定着するプロセスの一つとして注目されています．

里地里山で暮らす生物たちはヒトの農業活動に生活史を適応させており，里地里山以外の生態系ではその姿をみることがない種も多いです．このような生物たちは，ヒトによる管理がなくなると，里地里山からも姿を消してしまいます．このように在来生物が多く暮らす農業生態系は，ヒトの営農と自然が織りなす生態系という意味で**半自然生態系**とよばれています．里地里山などの農業生態系は，自然生態系とは異なる性格をもつ生態系であるということです．ヨーロッパにおいても，コムギ畑や採草地，放牧地でのみでみられる動植物が多く存在しています．多様な使い方をされる土地がモザイク状に配置される農業生態系も，地球上の生物多様性を維持するために，保全すべき生態系なのです．

6・1・5　農業生態系における生物多様性の減少

農業生態系における生物多様性が，20世紀後半以降，世界的にも日本国内でも急激に減少しています．日本では，環境省が作成する**レッドリスト**（絶滅危惧種のリスト）に記載されている種の約半数が里地里山に暮らす生物種であるともいわれています．上記であげたトノサマガエル，メダカ類，ドジョウ，キキョウも日本全国で数が減少しており，レッドリストに掲載されています．これらの種の減少要因の一つは，集約的農業の促進にあります．たとえば圃場整備です．圃場整備は，農耕機械を使った作業がしにくい，区画が小さく水はけの悪い水田を，区画が大きく水はけの良い，コンクリートの用排水路の整備

された水田へと造り直す事業です．すでに日本国内の 65% を超える水田が圃場整備されています．圃場整備後の水田では，ドジョウやカエル類，夏場の水鳥，ヘビ類，畦の植物，チョウやハナバチ類などの訪花昆虫など多様な生物の減少や，それによる食物網の単純化がひき起こされることが報告されています．圃場整備による生物多様性の減少は，中国や韓国など他国の水田からも報告されています．圃場整備後は，数十年以上経ってももともとの生物相が再生せず，その生物多様性への影響は持続することが知られています．ヨーロッパでも，過剰に窒素肥料を入れた土壌改良や区画の大型化が，農地や草地の植物や昆虫の多様性を減少させていることが多く報告されています．加えて，集約的な農業では化学農薬が多く使用されることが多く，このことも農業生態系の生物多様性を衰退させる要因となっています．特に，**ネオニコチノイド系殺虫剤**がもたらす生態系への影響は近年世界的に懸念されており，使用を規制する動きがみられるようになっています．ネオニコチノイド系殺虫剤は昆虫のみに作用するため，有機リン系農薬に代わって 1990 年代から広く使われるようになった農薬ですが，最近の研究からハナバチ類やチョウ類をはじめとした複数の昆虫類に広域的・長期的な負の影響をもたらすことがわかってきました．このように，ゆるやかに農地を管理する**粗放的農業**からより積極的に管理を行う**集約的農業**への転換は農業生態系の生物多様性を脅かす世界共通の要因となっています．

　もう一つの農業生態系における生物多様性減少の主要因は，**農地の放棄**です．農業の集約化が進む中で，生産性の低い農地や，急峻な立地にあり管理コストの高い農地の放棄が増えています．一般に，放棄された農地では背の高い草本植物や樹木が増えてしまい，背の低い草が減少し，それらをエサや隠れ場所として利用していた昆虫類も減少してしまいます．ヨーロッパでは農地の放棄は，ヒトの関与を減少させ，森林化を促進する手法として推進される場合もあるのですが，結果として管理に適応してきた農業生態系の生物の減少をひき起こすこともあり，是非について議論が続いています．現在，森林が多く広がる日本では，農地の放棄によって復活する生物よりも，減少してしまう生物種の方が多いといわれています．たとえば，畦の草地に生えるキキョウやオミナエシ，そのような植物を利用する多くのチョウ・バッタ類などは，草刈りや火入れをやめて放棄された場所では数年で姿を消してしまいます．また使われな

くなって，乾田化した水田や底に泥が溜まってしまったため池では，魚類やカエル類，それを捕食する動物たちも生存できなくなってしまいます．

　これまでは，農業生態系など半自然生態系は，ヒトの関与により成立する二次的な生態系であるとして，保全の優先度は低いと考えられてきました．しかし，半自然生態系にも固有な生物多様性があり，絶滅の危機に瀕している生物が多くいることが明らかになるにつれ，その保全の重要性が日本国内で叫ばれるようになってきました．また，名古屋で行われた生物多様性条約の第10回目の締約国会議（COP10）では，日本主導で『SATOYAMAイニシアティブ』が世界に発信されました．『SATOYAMAイニシアティブ』とは，里地里山のような粗放的に維持されてきた半自然生態系を，生物多様性資源の持続的な利用を可能にする自然共生社会のモデルとして見直すべきだという意見と，その行動指針をまとめたものです．また，国連食糧農業機関（FAO）は，世界重要農業遺産システム（世界農業遺産）を認定するという仕組みを創りました．このように，農業活動と両立する生物多様性の保全を世界規模で進める活動が始まっており，農業生態系の重要性は近年世界的にも見直されるようになってきています．現在，生物多様性条約のもと，国土の30%を生物多様性を守る地域として認定することが加盟国に課せられています．日本では2024年現在，陸地の約20%が国立公園や世界遺産登録地域など各種保護区として守られていますが，今後約10%を保護地域以外で，生物多様性の効果的かつ長期的な保全に貢献している地域（OECM）として新たに認定する必要があります．生物多様性の高い里地里山は，その候補として重要な生態系であるといえるでしょう．

6・1・6　都市生態系

　2020年時点で，世界人口の約57%の人が都市*で暮らしており，2030年までにはその割合は60%にまで達すると予測されています．この都市への人口集中は**都市化**とよばれ，生態系や個々の生物の暮らしにも大きな影響を与えて

---

*　都市の定義は多様であり，東京23区のように厳格に特定の行政区をさすもの，また中心となる行政区から連続的に広がる開発地区を含むとするもの，さらにはそれらと商業的・社会的に相互関係をもつ周辺の地域を含むとするものがある．生態学では，これらのどれもが都市とよばれており，厳格な定義はなされてない．

います.

　農業生態系と比べて**都市生態系**の歴史は浅く，日本でも比較的大規模な都市化が始まったのは平安京の時代からだと考えられています．都市とその近郊はヒトの社会・経済活動が活発であるため，自然・半自然生態系から人工地・人工的な生態系への土地利用転換が多く起こり，それが生物多様性の減少をもたらしています.

　都市における生物多様性の減少の主要因は，生息地の減少や分断化，劣化です．人工地が増加すると，生息場所となる自然・半自然生態系の面積が減少したり，分断・断片化したりします．さらに富栄養化や高温化などの環境変化や，外来種増加などの生物相の変化は生息地の劣化の原因になります．両生類など水陸両方の生態系を利用する生物は，水域と陸地のどちらか一方のみが欠けても，生きていくことができません.

　ヨーロッパやアジアでの都市開発は，農地を転換することが多いため，半自然生態系が減少しています．特に，日本など東アジア・東南アジア地域では，大都市は平野に成立することが多く，水田として利用されていた場所を開発しています．そのため，水田で暮らしていた生物種への影響が大きくなっています．たとえば，大阪平野では，都市化に伴う水田面積の縮小によってトノサマガエルが急減したことが示されています．一方で，オーストラリアや南アメリカでは，自然林を切り開いて都市が拡大することも多く，都市化が影響を与える生態系は，地域によっても異なります．また，ほとんどの大都市は物流の利便性から，海沿いか大河川沿いに形成されることが多いです．その結果，都市河川や河口付近の富栄養化や化学物質汚染をひき起こし，近隣の淡水・海水生態系へも非常に大きな影響を与えています.

　一方で，都市環境下で個体群が維持される，もしくは増加する種も多くみられます．"都市"と聞くと，あまり生き物が生息していないように思えるのですが，実は，都市生態系は生物多様性を支える一面ももっています．実際に，鳥類や哺乳類などさまざまな生物分類群で，人口密度が高い場所では確認される生物種数も多いという正の関係があることがわかっています．最近オーストラリアで行われた研究によれば，都市と絶滅危惧植物の分布域は空間的に重複していて，都市には郊外よりも多くの絶滅危惧種が生息することが示されています．日本でも同様のパターンが報告されていて，都市近郊の"城跡"周辺には

今でも希少なチョウ類が数多く生息しています．都市周辺で生物種数が高くな
る理由は，都市が本来多くの生物種の生息に適した温暖で肥沃な環境に造られ
ることが多いからです．つまりヒトと野生生物が好む生息地がバッティングし
ているのです．このことは，たとえ陸域に占める都市生態系の割合がわずかで
あっても，生物多様性保全上の役割は大きいことを意味しています．

　このような流れから，都市生態系を生物の生息場所として再評価する動きも
みられています．都市内には，都市公園だけでなく，住宅の庭や道脇の植栽，
屋上庭園，市民農園など多様な生息環境が存在しています．英国の四つの都市
で花の花粉を運ぶ送粉者を調べたところ，庭や市民菜園で開花植物が多く，多
様なハナバチ類やハナアブ類がよく訪れていることが明らかになりました．英
国内では送粉者の多様性が急速に減少しており，送粉者を保全するためにはこ
れらの都市内生息地も重要だと考えられるようになりました．現在は，どのよ
うな緑地を都市にどの程度残すべきなのかを考えることは，都市計画の課題の
一つとなっています．また，広い面積の緑地を一箇所に残すのか，小さな緑地
を分散して残すのかといった緑地の残し方についても，生物の分類群や都市開
発の程度によってその効果が異なることが知られています（図6・8）．世界一

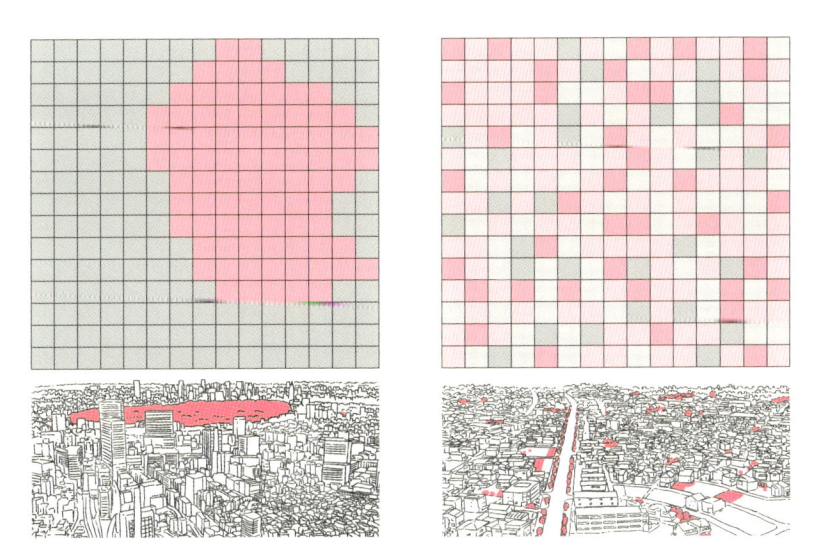

図6・8　都市緑地の分布のパターン　緑地がまとまって1箇所に分布する場合
（左）と緑地が分散して広く分布する場合（右）.

の都市である東京で行われた研究では，オサムシの仲間などの地上徘徊性甲虫
はまとまった面積のある緑地で個体数が多くなりますが，チョウ類，特に市街
地に食草のある種などは小さな緑地が広く分布する場所で個体数が多くなるこ
とが示されています．都市内の緑地配置は，個々の都市の特性や個体群を維持
したい生物に合わせて，都市計画の中で議論されるべき課題であるといえるで
しょう．

　都市の生物多様性は，他の生態系ではみられない都市特有の要因によって形
づくられています．たとえば，都市では経済的に豊かな人々が住む地域ほど，
生息する生物種数が高くなることがしばしば確認されています．これは富裕効
果とよばれ，多くの国や地域，分類群でみられる都市生態系に特有の生物分布
パターンの一つです．富裕効果が生じるメカニズムは地域によって異なります
が，おもな理由としては，経済的に豊かな人ほど自分が所有・利用する土地
（個人の庭など）で生物の生息環境（質の高い植生）を維持するためであると
いわれています．また，こうした生態系への“働きかけ”は時に地域全体の生
物多様性に影響することもあります．たとえば，英国では，自宅の庭で餌付け
をする人の割合が高い地区では，地区に生息する鳥類の種数・個体数が多いこ
とがわかっています．餌付けをすることが野生動物にとって良いことかどうか
は意見が分かれるかもしれませんが，この結果からは，都市生態系は，住民の
社会経済・文化的な影響を強く受ける“ヒトを含めた生態系”として考える必
要があるといえるでしょう．

6・1・7　都市における生物の進化

　また，都市生態系で起こる生物進化も，近年大きな注目を集めています．上
述の通り，都市化に伴う人工環境の増加は生物の生息環境を大きく改変してい
ます．たとえば，都市生態系では周辺の自然・半自然生態系に比べて，気温・
地温の上昇や土壌の乾燥，富栄養化，土壌・水質汚染，騒音，人工照明による
明期の延長などさまざな物理化学環境の変化が顕著です．生物環境について
も，相利共生者や捕食者・寄生者，競争者の減少などの変化がみられます．こ
れらを背景に都市環境への生物適応がみられたとする研究が2000年以降，多
く発表されるようになりました．自然選択による進化の例としては，チャバネ
ゴキブリやトコジラミなど複数の昆虫種でみられる殺虫剤に対する抵抗性の進

化や，カワラバトでは捕食圧が低い暗色型が増えることが知られています．虫媒植物においては，都市ではパートナーとなる送粉者を失うことで，自個体のみで繁殖する自殖を促進する形質進化がみられることなどが知られています．また，シロツメクサでは都市に生育する個体において植食者への化学防御物質の生産が少なくなる進化が，メヒシバでは，都市部路傍など，競争者である他の植物が少ない環境下で，植物体が低く横に這う姿（匍匐型）に進化することが報告されています．

　また，生育地や生息地が小さくなり，分断化されてしまうことも，都市での生物進化を促進しています．パリ周辺の都市部では，フタマタタンポポの冠毛（綿毛）をもたない種子が増えています．これは都市部では，本種が生育できる場所が限られるため，現在分布できている場所の近くにだけ種子を散布させるような進化が起こったためだと考えられています．このように植物においては，実に多様な都市への適応進化がみられます．

　さらに，多様な分類群の生物種において，都市では一つ一つの個体群の遺伝的多様性は低く，周辺の個体群との遺伝子交流も少ないことが知られています．そのため，それぞれの都市個体群は，近隣に他の個体群が存在していても，遺伝的な特徴が大きく異なることがわかっています．これは都市個体群においてびん首効果（個体数が著しく少なくなってしまうこと）や創始者効果（少数の個体から個体群が始まること）など，遺伝的浮動による進化（§2・3参照）が起こりやすいことを示しています．加えて，まだ検証例は少ないものの，都市個体群では突然変異率が高くなるという研究も発表されています．北アメリカの五大湖周辺に暮らすセグロカモメでは，周辺農村の個体群に比べて，通常の都市個体群では突然変異率が約 1.5 倍，鉄鋼工場が近くにある都市個体群では約 2 倍高くなっています．この現象は，ヒトが都市で生産する過剰な化学物質が原因で生じていると考えられています．このように都市個体群の遺伝学的な特徴も，周辺の自然・半自然生態系に暮らす個体群とは異なっています．

　以上のように，都市生態系は，生態系および個々の生物種へのヒトによる環境改変の影響を調べる場となっているだけでなく，新たな生物進化を観察する場にもなっています．20 世紀までの生態学ではヒトの影響の少ない生態系や生物種を対象としたものが多かったのですが，21 世紀初頭から，農業生態系や都市生態系などヒトの影響下におかれた生態系を対象とした研究が急増して

いて，現在もその傾向は続いています．人新世の時代において，こうした生態系の成り立ちを理解する研究は，ヒトを含めた地球上の生態系を正しく理解するうえでも，ヒトにとって望ましい生態系の在り方を考えるうえでも重要であるといえるでしょう．

 ## 6・2　生態系の現状：減少する生物多様性と生態系サービス

6・2・1　減少する生物多様性

　40億年前に地球上で生命が誕生して以来，生命は進化の過程でさまざまな形質を獲得し，多種多様な姿をした種の出現と絶滅を繰返してきました．現在，地球上ではおよそ213万種の生物が分類学的に記載（人類が認識し，学名がつけられる）されています（図6・9）．地球上に存在する生物種の全容は明らかとなっていませんが，最近の推計では870万種（±130万種）ともいわれています．

　地球の歴史において，大規模な生物の絶滅は少なくとも5度発生していますが，現在，人類のさまざまな活動の影響によって，5度の大量絶滅に匹敵す

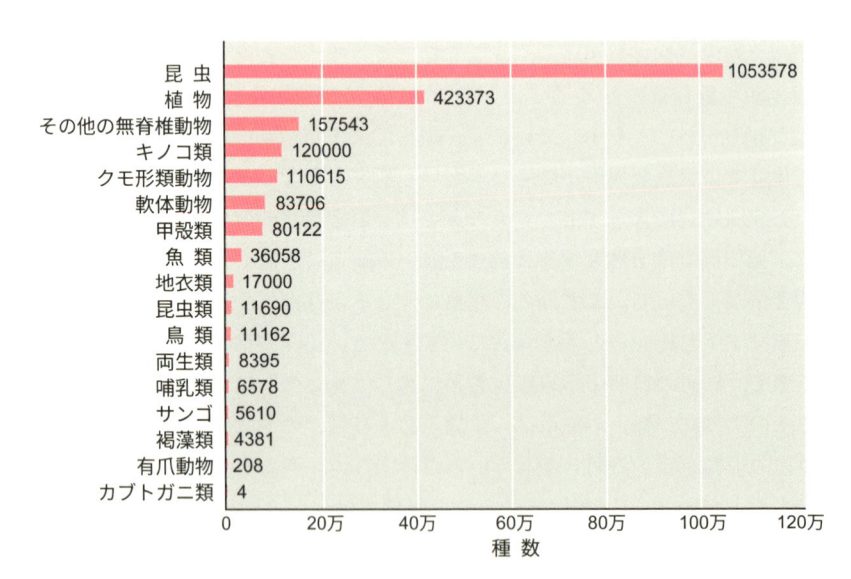

図6・9　生物の記載種の数　[IUCN Red List, 2021 をもとに作成]

るもしくはそれ以上の規模で，地球上の生物多様性が損なわれていることが報告されています．多くの研究者が，現在の種の絶滅速度は，自然絶滅（人類が関わらない状況で起こる絶滅）の速度の1000～10,000倍以上であり，地球上の種の0.01～0.1%が1年間に絶滅していると推計しています．この生物多様性の喪失は，どこか遠くの場所で起こっているような他人事ではなく，日本国内でも生じている問題です．環境省が作成したレッドリスト（絶滅のおそれのある種のリスト）（第4次）によれば，評価対象とした哺乳類の39%，鳥類の22%，爬虫類の57%，両生類の88%，汽水・淡水魚類の61%，維管束植物の31%が絶滅したか，絶滅のおそれがあるとされています（図6・10）．

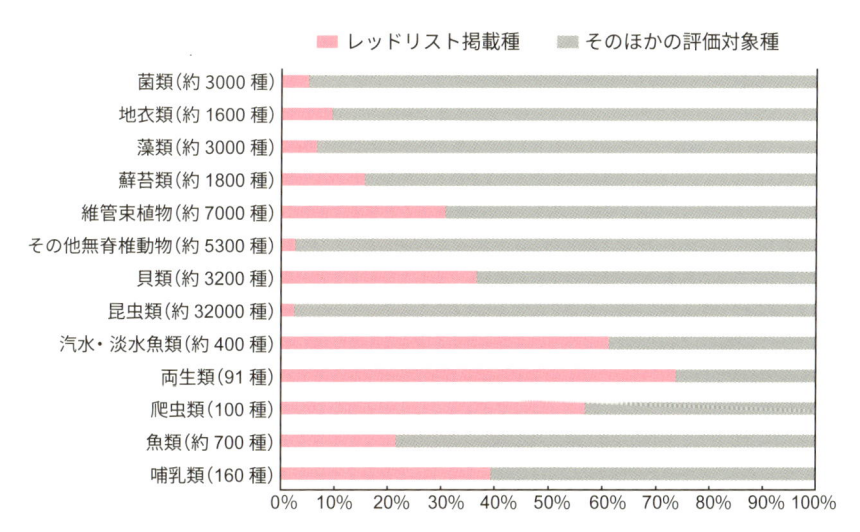

図6・10　環境省レッドリスト評価対象種における各分類群の掲載種およびその他の評価種の割合（2020年）［環境省のデータをもとに作成．括弧内の数字は評価対象種の総数］

6・2・2　生物多様性の損失の要因（地球規模）

　地球規模で生物多様性の損失が起こる要因は何でしょうか？　国連の生物多様性条約事務局が発行する『地球規模生物多様性概況 第3版（GBO3）』では，その主要な要因として"生息地の損失と劣化・気候変動・汚染と栄養塩の蓄積・過剰利用と非持続可能な利用・侵略的外来種"の五つをあげています．

a. 生息地の損失と劣化

　農林水産業や鉱物採掘，都市の拡大などによって土地が改変されたり，過剰な水利用によって水源が枯渇したり，ダムや堤防など災害を防ぐ設備が建設されたりすることで，生物の生息地そのものが失われたり，生息地が分断される可能性があります（第3章参照）．たとえば，日本では，干潟の面積（1996年）は1945年当時の60%まで減少しています．草地の面積も最盛期（1924年）と比べ現在は約1/10にまで減っており，その原因には草地が放棄されて，森林化したことに加えて，開発も含まれます．干潟や草地の減少によって，それらの生態系に依存する動植物の生息や生育が脅かされています．

　生息地の劣化は，生息地が生物の生息に適さない環境へと変化することです．たとえば，ため池や河川の水の汚濁が進み，水草が水中で光を得ることができなくなって種数や量が減るなどの事例があてはまります．

b. 気 候 変 動

　気温や海水温の上昇，それに伴う豪雨や干ばつなどの異常気象の頻発などの**気候変動**によって，生物多様性が脅かされています．これらの気候変動は，おもに化石燃料の大量消費や森林破壊によって大気中の二酸化炭素濃度が高まる（図6・11a）など，温室効果ガスの増加によってひき起こされています．また，二酸化炭素濃度の上昇は，海洋酸性化ももたらします．

　気温の上昇による影響はさまざまです．たとえば，植物の生育開始時期や開花時期が早まったり，鳥類が繁殖や渡りの時期を早めたりするなど，生物の季節変化に対する反応の変化が確認されています．また，北極圏では海氷面積が1979年の衛星観測開始以来，最低水準まで減少していることが確認されています．海氷の融解は，海氷の下や海氷上面で生育・生息するさまざまな生物の生態に影響を与えます．

　気温上昇の影響は，生物種によって受ける程度が異なります．特に，移動能力や環境の変化への適応能力が低い生物では影響が大きくなります．実際に，ヨーロッパ産ノロジカ，ウタスズメ，ウミガラス，ユーラシア産カササギなどは気温上昇に合わせた適応的変化ができていないことがデータで示されています．結果としてこれらの種が絶滅する可能性があります．海水温の上昇でも同様のことが生じつつあります．たとえば，沖縄県の石垣島周辺のサンゴ礁では，

ミドリイシ属サンゴを中心に 60% 以上が白化現象によって失われており，その主原因は海水温度の上昇だと考えられています．

　海洋酸性化は，大気中で増加した二酸化炭素が海洋に吸収されることによって生じます．IPCC によると，1750 年から現代までに表面海水中の pH は全海洋平均で 0.1 低下し，その傾向は 21 世紀末までにさらに進むと予想していま

(a)　大気中の二酸化炭素

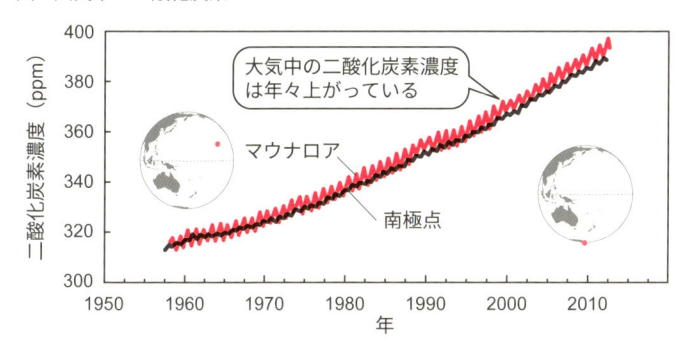

(b)　海面の二酸化炭素と pH

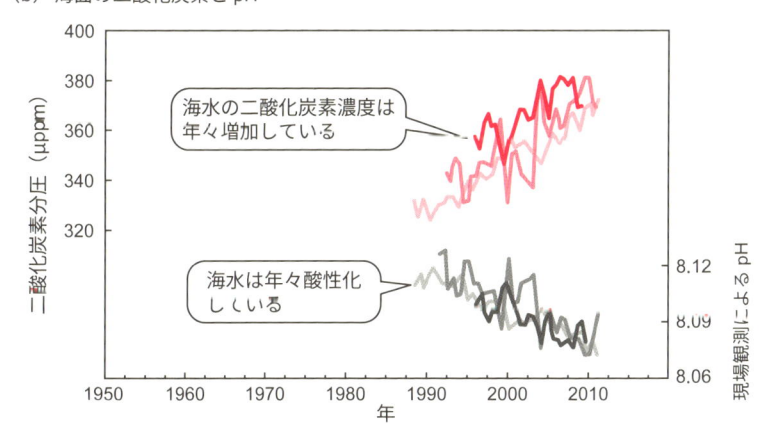

図 6・11　気候変動のおもな原因となる二酸化炭素は大気中や海水中で増加を続けている　（a）1958 年以降のマウナロア（北緯 19°32′，西経 155°34′）と南極点（南緯 89°59′，西経 24°48′）における大気中の二酸化炭素濃度．（b）海面付近の海水の二酸化炭素分圧（上 ①〜③）と，海水の酸性度を示す pH の観測値（下 ①〜③）．観測地点は大西洋（① 北緯 29°10′，西経 15°30′．② 北緯 31°40′，西経 64°10′）と太平洋（③ 北緯 22°45′，西経 158°00′）．[IPCC, 2013 にょる]

す（図 6・11 b）．海洋酸性化が進むと，サンゴや甲殻類，多くのプランクト
ン生物など海洋生物の外骨格を形成するために欠かせない海水中の炭酸イオン
が激減します．過去 80 万年間の中で海洋の炭酸イオン濃度が最も低くなって
いるのは現在であり，今後これらの生物群の生態に深刻な影響が及ぶ可能性が
あると指摘されています．

c. 汚染と栄養塩の蓄積

　生態系内での物質循環（§5・2参照）がバランスを崩しても，生物多様性の
損失をまねきます．

　現在の地球では，生態系のプロセスによって循環できる量を超える過剰な窒
素やリンが環境中に蓄積され，その量は産業革命以前の 2 倍以上といわれてい
ます．農作物の生産には肥料が欠かせません．肥料の主要な成分に窒素とリン
があります．かつて，私たちは動植物を腐らせたり，動物の糞を集めたりして
窒素やリンを肥料として得ていました．しかし，現代では大気中の窒素や原油
や天然ガス，リン鉱石などの鉱物資源を原材料として，工業的に生産した化学
肥料を大量に使っています．この化学肥料の大量使用によって窒素やリンが過
剰となって起こる**富栄養化**（§5・3・2）は陸域でも起こります．貧栄養な環境
に適応した植物の生育地に，周辺に開発された農地などから雨水の流れや土砂
の移動などを介して窒素やリンが大量に流れ込んで富栄養化してしまうと，富
栄養な環境を好む一部の植物が繁茂し，本来生育していた植物の生育環境を
奪ってしまいます．

d. 過剰利用と非持続可能な利用

　生物が増えるペース（**再生速度**）以上の早いペースで生物資源をとり続ける
と，その生物は減少します．生物資源の過剰な利用の問題は，特に海洋生態系
で顕著です．国連食糧農業機関（FAO）の試算によれば，現在，海の魚類資源
の 8 ％が枯渇し，19 ％が過剰利用だとされています．また枯渇状態から回復の
途上にあるのは 1 ％だけで，半分以上の魚類資源が再生速度を超えかねない速
度で利用されています．ニホンウナギも過剰利用されている生物の一つで，気
候変動，生息地の劣化，汚染などの要因が複合的に作用して，個体数の急激な
減少につながり絶滅が懸念されています（図 6・12）．国際自然保護連合

（IUCN）のレッドリストで本種が絶滅危惧種に指定されたことで，その保全には過剰利用を抑制することの必要性が示されたといえます．このように，個々の種の過剰利用がその種の絶滅につながり，過剰利用される種が増えることで生物多様性の損失につながります．

　陸域生態系でも，同じようなことが起こっています．生活の手段として野生動物を狩り，主要なタンパク源として食べたり現金収入を得たりする地域では，野生動物が過剰に狩られてしまい，絶滅の危険にさらされています．野生植物についても，園芸利用や薬用のために過剰に採集され，絶滅の危機に瀕している事例があります．

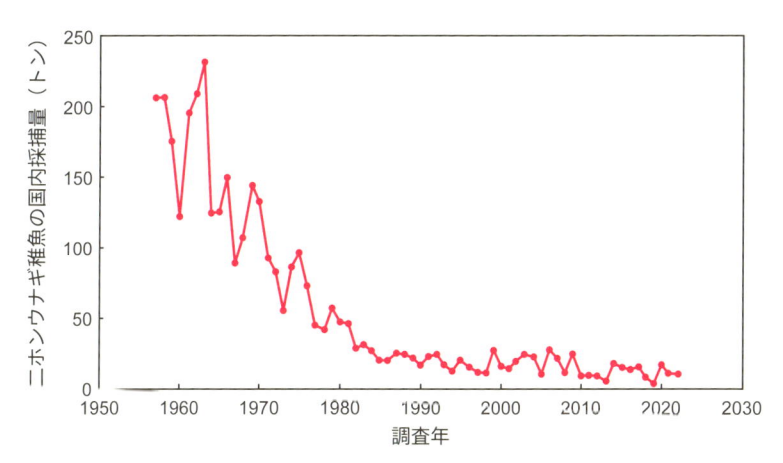

図 6・12　生物の再生産速度を超えてとり続けると絶滅してしまう可能性がある
国内におけるニホンウナギ稚魚の採捕量の推移［水産庁 HP 資料をもとに作成］

e. 侵略的外来種

　侵略的外来種とは，外来種のうち，もともとその場所に生育・生息している生物（**在来生物**）や生態系を脅かすものをさします．ある国では在来生物であっても，それらが人の手によって他の国々に持ち込まれ，野外に定着し繁殖してしまえばその国にとっては外来種となります．

　侵略的外来種は人間や物資に伴って移動し，生育・生息に適した環境に到達すると，そこで大繁殖して，在来生物を食べ尽くしたり，追いやったり，在来

生物に必要な資源を奪ったりしてしまいます（Box 6・1）．侵略的外来種のなかには，生物多様性を減少させるだけでなく，農林水産業や人間の健康，文化財などに悪影響を及ぼすものもいて，さまざまな問題をひき起こしています．

6・2・3　生物多様性の損失の要因（日本国内）

　環境省は日本における生物多様性の保全と持続可能な利用についての国の基本的な政策と行動計画を記した『生物多様性国家戦略』を定めています．この中で，日本における生物多様性の損失の主要因が四つあげられています．

　第1の危機　一つ目は，開発や乱獲など，過度に人間が自然に関わることです．特に高度経済成長期（1950年代後半から1970年代前半）には各地で大規模な土地開発が進み，生物の生育・生息環境が多数失われました．現在は大規模な土地開発は減ったものの，小規模であっても**エコトーン**（ある生息地タイプと隣り合う別の生息地タイプの間にある，緩やかに環境が移り変わる空間で，**移行帯**ともよばれる）のようなさまざまな生物が生息する生態系が劣化する事例は多数生じています．太陽光発電や風力発電などの再生可能エネルギー発電の導入は，気候変動緩和策として必要なものかもしれませんが，生物多様性への配慮を欠いた設置の例も報告されています．生物の乱獲については，漁業のような大規模な事例だけでなく，野生ランや美しい昆虫のように鑑賞価値が高い種が売買を目的として乱獲されることもあります．なお，第1の危機は，§6・2・2で示した，地球規模での生物多様性の損失の主要因である“生息地の損失と劣化”“過剰利用と非持続可能な利用”に相当します（**図6・13**左）．

　第2の危機　二つ目は，人間の自然に対する働きかけが少なくなったことです．戦後まもなくまでは，日本人は暮らしの中で，燃料として薪を，日用品の材料として木材や蔓，竹皮やヨシなど植物素材を，住まいを建てるために木材や屋根材としての茅（イネ科植物の総称で，おもに茎の部分を屋根材として用いる）を，食糧として山菜や木の実などを，というように身近な自然からさまざまな生物資源を得る暮らしをしていました．そのような身近な自然が**里地**（茅などを採草する草原や放牧地，田畑のまわりの草地）や**里山**（薪や木炭の材料，落ち葉などの肥料を得る林）で，人間の適度な関わりがさまざまな生物が生育するためのほどよい撹乱として機能してきました．現在，里地里山への人の関わりが少なくなったことにより，その場所の生態系のバランスが崩れ，

特定の種の増加と里地里山に生息する多様な種の個体数の減少や消失がひき起こされています. このことは, 水源涵養や土砂流出防止, 花粉媒介などの生態系の調整サービスの低下にもつながることが懸念されています. 第2の危機がひき起こされる社会的背景は, 私たちが生活の資材を国内の生物資源ではなく, 海外の生物資源 (食糧, 繊維, 木材など) や鉱物資源 (石油・石炭, 金属など) に頼るようになったことが大きいです. このことにより農業や林業などの自然を利用する産業が衰退し, 中山間地域や奥山地域など自然と接する環境での人口が減少し, さらに自然環境と関わる人口・産業の衰退へとつながっています. この第2の危機は日本の生物多様性損失要因として特に注目されています (図6・13右).

図6・13　生物多様性の損失　写真左: 第1の危機. スキー場における土地造成による植生の破壊　写真右: 第2の危機. 人の利用によってさまざまな植生が生じ, それらがモザイク状に分布する里山の景観や生態系は, 現在失われつつある.

第3の危機　三つ目は, その場所に "元々なかったもの" が人間によって持ち込まれ環境中に放たれることです. "元々なかったもの" とは化学物質や外来生物をさします. 化学物質による汚染については, 富栄養化に加えて, 高度経済成長期に多発した各種公害, 東日本大震災における原発事故による放射性物質の流出なども該当します. 外来生物についてはオオクチバスやアライグマ, ミシシッピアカミミガメ, アレチウリなどさまざまな分類群の生物が海外から持ち込まれ, 在来生物を減少させる被害を及ぼしています (Box 6・1). また, 国内の他地域から持ち込まれた種の一部にも海外からの移入種と同様の影響を及ぼしているものがあります (国内移入種問題). 第3の危機は§6・

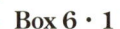

Box 6・1

日本でも猛威をふるう外来生物

　日本にもさまざまな外来生物が侵入・定着しています．在来の生物多様性・生態系に影響を及ぼすだけでなく，作物を食べたり果樹を枯らしたりする農業被害，毒針で刺すなどの健康被害，電気設備や取水設備などの誤動作や機能停止をまねくなど経済被害をひき起こすものもあります．

　生物多様性に対して顕著な侵略性を示す種として有名なのは，北アメリカ原産のオオクチバス（通称 ブラックバス）です．オオクチバスはスポーツフィッシングのために意図的に放流されたことで，日本各地の湖沼やため池，河川に定着しました．本種が定着した湖沼では，在来魚の個体数や種数が減少し，そのことにより生態系のバランスが崩れて他の分類群を含む生物相が変質したことが確認されています．オオクチバスのような在来生物への影響を及ぼす種としては，ミシシッピアカミミガメ（アメリカ南西部原産の爬虫類．在来のカメや水生植物への影響），アレチウリ（北アメリカ原産の植物．河川敷などで在来植物への影響）などがあげられます．

　農業被害をひき起こす例としては，アライグマ（北アメリカ原産の哺乳類）による被害が顕著です．雑食で植物も動物も食べるため，生態系への影響が大きいだけでなく，農作物や養殖魚などに大きな被害を与えています．また，ヌートリア（南アメリカ原産の哺乳類）は水稲やニンジン，ハクサイ，ダイコンなどの野菜，ミシシッピアカミミガメはレンコンなどの農作物への被害を及ぼします．このほかクビアカツヤカミキリ（東アジア原産の甲虫）はバラ科樹木のモモ，ウメ，スモモなどの果樹に寄生して大きな被害をもたらします．

　健康被害を与える例としては，毒針をもち世界各地で被害事例が多発しているヒアリ（南アメリカ原産）の日本への侵入が確認されており，防除の取組みが進んでいます．ヒアリは健康被害だけでなく，配電盤や変圧器，機械の中に巣を作り誤動作を起こしたり，電線をかじり停電やショートを起こしたりすることもあります．植物ではオオブタクサなどのキク科植物の一部やハルガヤなどのイネ科植物の一部の花粉がアレルゲンとなって花粉症をひき起こしています．

アライグマ　　　　オオクチバス　　　ミシシッピ　　　　ヒアリ
　　　　　　　　　　　　　　　　　アカミミガメ

なお，日本の生物が他国に持ち込まれてその国の生物多様性を脅かす問題も生じています．たとえば植物では，イタドリやオオイタドリはヨーロッパやアメリカに観賞用として持ち込まれたものが，庭や鉄道沿線，川岸に旺盛に繁茂する強害雑草となっています．クズは牛馬の餌や砂防緑化に用いる目的でアメリカに植えられましたが，現地の在来植生に覆いかぶさって他の植物の生育を阻害し，地域の生物多様性に悪影響を及ぼしています．このように，特定の国の生物が侵略的な外来生物問題をひき起こすのではなく，どんな国の生物であっても，自然分布の範囲を越えた場所に人間によって持ち込まれてしまうと，侵略的外来生物として被害を及ぼす可能性があるのです．

2・2で示した地球規模での主要因の“汚染と栄養塩の蓄積”“侵略的外来種”に相当します．

第4の危機　四つ目の要因は地球環境の変化です．地球温暖化や降水量の変化などの気候変動，海洋の一次生産の減少や酸性化などがこれにあたります．日本では，島嶼，沿岸，亜高山・高山地帯など，環境の変化に対して弱い地域を中心に，生物多様性に深刻な負の影響が生じるおそれがあると懸念されています．たとえば，気候変動による高山帯・亜高山帯での積雪の減少によって，これまで高山帯・亜高山帯に分布しなかったシカの行動圏が高山帯・亜高山帯に拡大して，高山植物の衰退をまねいていることが指摘されています．他の三つの要因と比較して，人間活動の影響が広範囲に及び，長期にわたってゆっくりと発現するために，その影響の大きさを把握するのが容易ではないことが対策の遅れにつながっています．第4の危機は，§6・2・2で示した地球規模での主要因の“気候変動”に相当します．

6・3　生 態 系 管 理

6・3・1　生物多様性を適切に取扱うための社会のしくみと行動

§6・2で解説したように，生物多様性の損失の要因は地球規模のものから国や地域，生態系単位の規模のものまでさまざまです．生物多様性の保全では，それらの要因を和らげたり取除いたりしてこれ以上に生物多様性が損なわれないように食い止めるだけでなく，失われた生物多様性を回復させる取組みも求められます．一方で，生物多様性を持続可能な範囲で活用することも，私たち

が暮らすうえで欠かせません．このような生物多様性の保全と自然資源の持続可能な利用の課題を解決するために行われる，生態学に基づいた管理を**生態系管理**とよびます．生態系管理では，特定の種のみを対象とするのではなく，生息環境全体を対象として，生態系の地域固有性を留意して取組むことが求められます．

　生態系管理では，調査によって生物多様性の現状を把握し，その損失の，要因（Driving forces），負荷（Pressures），状態（State），影響（Impacts）を把握したうえで，対策（Responses）を講じる必要があります（これらの関係性の枠組みをそれぞれの頭文字をとって**DPSIR フレームワーク**とよびます．図6・14）．

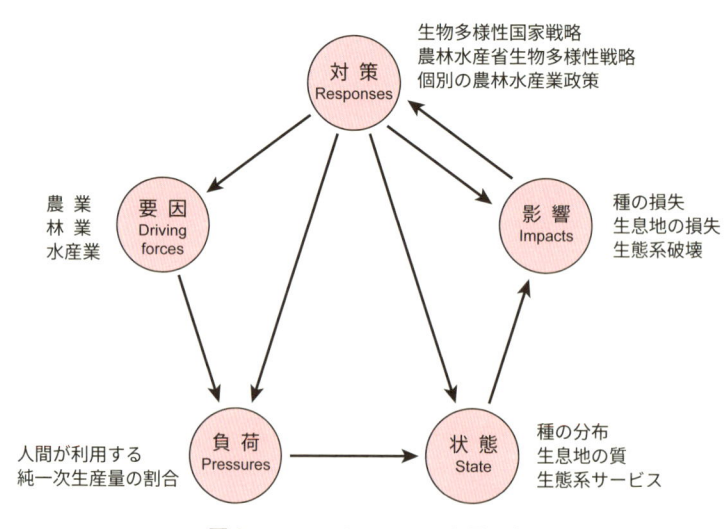

図6・14　DPSIR フレームワーク

　"要因"とは，人口，経済，社会の発展と，それに伴うライフスタイル，消費のレベル，生産パターンの変化のことをさします．なかでも影響が大きいのは，人口増加とそれに伴う人間活動の拡大で，生産と消費の全レベルに変化をもたらしています．

　"負荷"とは，人間活動が環境にかける負担のことです．資源の過剰な利用や化学物質の放出，土地利用の変化などがこれにあたります．負荷は，生態系

のさまざまな要素に影響を及ぼすストレス因子を生み出し，それはさまざまな生態系の過程で形を変えて発現します．たとえば沖縄のサンゴ礁が発達する地域では，土地改変という負荷によって，沿岸域の堆積物が生じ，それがストレス因子となって，サンゴ礁の構成種の生息に影響を及ぼす可能性があります．

　"状態" とは，土壌，空気，水などの非生物的環境の状況や生態系，生息域，種，個体群，遺伝子といったさまざまなレベルにおける生物（生物多様性）の状況のことをさします．

　"影響" とは，負荷によって生じた状態の変化により，人間・生態系の健全性や，資源の利用の持続可能性，生物多様性そのものが損なわれることをさします．

　"対策" とは，上記にあげた要因，負荷，状態，影響に対処することをさします．生物多様性を回復させるために人が自然に直接的に働きかけるだけでなく，生物資源の利用から得られるさまざまな便益を衡平に分配し，生物多様性を減らす社会的要因を解消する取組みです．

　この項目では，日本で実施されている生態系管理の取組み（対策）の概要を説明します．

6・3・2　生物調査にもとづく現状の把握と評価

　生態系管理を適切に行うには，まずは"現状の把握"が必要です．日本全土の生物多様性を把握するため，計画的な生物調査が定期的に実施されています．環境省は自然環境保全基礎調査を行い，さまざまな分類群の生物分布や，植生，巨樹・巨木林の分布，希少な植物群落の現状，河川・湖沼・湿原・干潟・藻場・サンゴ礁などの生態系の分布状況などを把握しています．国土交通省は河川水辺の国勢調査を実施し，一級河川やダム湖の生物の分布状況や，河川構造（瀬・淵，水際部，人工構造物など）などの把握を行っています．農林水産省では農村環境における生物多様性を把握する田んぼの生き物調査や森林生態系多様性基礎調査などを実施しています．また環境省はさまざまな生物分類群の種の絶滅リスクを定期的に評価し，**レッドリスト**として公表しています．

　これらの調査結果や各種統計資料は，日本の生物多様性や生態系サービスを総合評価する際や，さまざまな生物多様性に関する政策立案の基礎資料として活用されています．

6・3・3　生物多様性に関わる国内外での法整備

　社会全体で生物多様性の保全とその持続可能な利用を実現するためには，"仕組みの整備"，つまりさまざまな条約，法律を整えることが必要です．

　国際条約には，生物多様性の問題を包括的に取扱う『生物多様性条約』があります．個別の課題に関しては，絶滅のおそれのある野生動植物の保護を目的として国際取引の規制を協力して実施することを定めた『ワシントン条約』があります．また，水鳥の生息地として国際的に重要な湿地とそこに生息・生育する動植物を保全するとともに，賢明な利用を進めることを目的とした『ラムサール条約』があります．『世界遺産条約』は，人類全体で共有すべき普遍的価値を有する文化・自然に関する遺産を選定し，それらを損傷や破壊等の脅威から保護・保全するための国際的な協力と援助の体制を整えることを目的としています．

　特に，**生物多様性条約**（Convention on Biological Diversity, CBD）については，締約国が集まりさまざまな課題の解決策について話し合う国際会議（CBD-COP[*]）が2年に1回の頻度で開催されています．2010年には日本でCBD-COP 10が開催され，世界で生物多様性の損失を止めるために2020年までに達成すべき20の目標である愛知目標や，遺伝資源の利用とそこから生じる利益を利用国と提供国の間で衡平に配分すること（access and benefit-sharing, ABS）など重要な国際的な取決めがなされました．2022年に開催されたCBD-COP 15では，2020年までに達成できなかった愛知目標の内容を引き継ぎつつ，"自然と共生する世界"を2050年のあるべき姿とし，その実現に向けた四つの大きな目標（2050年ゴール）が定められました．また，その達成に向けて掲げられた2030ミッションでは"自然を回復軌道に乗せるために生物多様性の損失を止め反転させるための緊急の行動をとる"ことを意味するネイチャー・ポジティブという概念が提示されています．さらに，2030年までに達成すべき23の具体的な目標（2030年ターゲット）には，生物多様性を保全する行動と同時に自然を活用して人間社会のさまざまな課題を解決しようとする概念（nature based solution, §7・2参照）や，陸域・水域・海域の重要地域の30%を保全する30by30といった愛知目標にはなかった新しい目標が含まれ

---

　　*　COP: Conference of the Parties（締約国会議）

ています.

　日本では,『環境基本法』のもとに『生物多様性基本法』を置いて生物多様性施策の推進についての理念や基本的考え方を定め,本法律に基づいて生物多様性国家戦略や地域戦略の策定が行われています.さらにこの基本法のもとにさまざまな自然保護・生物多様性の保全に関わる法律が置かれています.生物多様性にかかる問題は多岐にわたるため,環境省以外にもさまざまな省庁が関わっています(図6・15).野生生物の絶滅や個体数の激減を防ぐ法律としては『鳥獣保護法』『文化財保護法』『種の保存法』などが定められています.これらの法律では保全対象種を指定し,狩猟期間や猟法を制限したり,その生育・生息地を保護区に定めたりして,乱獲や生育・生息地の改変を防ぐことに重点が置かれています.

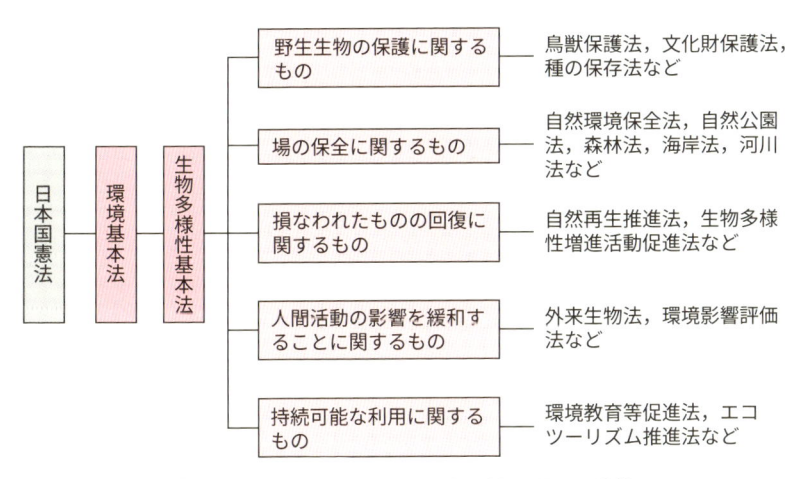

図6・15　日本における生物多様性に関わる法律

　生態系や生育・生息環境の保護のような"場"を守ることに関連する法律には,自然環境保全法,自然公園法,森林法,海岸法,河川法,文化財保護法などがあります.『自然環境保全法』は,原生自然環境のように極力人為を加えず守る必要がある場所を保全地域に指定し,原則として立入りを禁止することを定めています.『自然公園法』は,優れた自然の風景地の保護と利用の増進を図るもので,自然公園(国立公園,国定公園および都道府県立自然公園のこ

と）内に保護区などを設定し，人の行為を制限することで自然を保全しようと
しています．『文化財保護法』は，希少な動植物などの種や，植物群落などの
生物群集，湿地などの生態系を天然記念物に指定し，管理団体が適切に管理す
ることなどを定めています．『森林法』，『海岸法』，『河川法』はそれぞれ，森林，
海岸，河川での土地の改変行為に一定の制限をかけ，乱開発を防ぐ役割を果た
しています．

　過去に損なわれた生態系や自然環境を取戻すことを目的とした法律として
は，自然再生推進法や生物多様性増進活動促進法が定められています．『自然
再生推進法』は自然再生についての基本理念を定め，その実施者などの責務を
明らかにすることや，自然再生の基本方針やそれを推進するための事項に重点
が置かれています．『生物多様性増進活動促進法』は，国，地方公共団体，事
業者，国民，民間団体などのさまざまな立場の人々が互いに連携して生物多様
性の保全のための活動を促進することに重点が置かれています．

　このほか，在来の生物多様性に影響を及ぼす外来生物の取扱いについて定め
た『外来生物法』や，開発行為による自然環境への影響を評価しその影響を緩
和するための適正な配慮を行うことを定めた『環境影響評価法』，持続可能な
社会の構築に向けた環境保全意欲の増進と環境教育の促進についての理念を定
めた『環境教育等促進法』，エコツーリズムに関する施策を総合的かつ効果的
に推進することを目的とした『エコツーリズム推進法』などがあります．

6・3・4　生態系管理で行うべき事項とその担い手

　法律が定められ仕組みが整っていても，保全活動を担う人々がいなければ生
態系を適切に管理することはできません．生態系管理には，市民団体，NPO・
NGO，行政，企業，研究機関，農林水産業を営む人々，町内会などの地縁組織，
土地所有者といったさまざまな**ステークホルダー**（利害関係者）が関わってい
ます．

　生態系管理では，表6・1に示すようなさまざまな事項を実施する必要があ
ります．ステークホルダーがそれぞれの能力に応じて適切に役割分担ができる
よう，ステークホルダーどうしが意思疎通を丁寧に行って合意形成を図る必要
があります．

　土地の使用の確認は，管理の対象となる土地を誰が所有しているか確認し，

表6・1　生態系管理で行うべき事項

事　項	具体的な内容
土地の使用の確認	地権者に土地の利用に関する許諾を得る．特別保護区など法律で行為が制限されている場合は，その許認可の手続きを行う．
現地調査	管理対象とする場所の生物多様性について調べ，現状を把握する．すべての生物について調査することは労力的に難しいため，植物などいくつかの代表的な生物分類群に絞って行われることが多い．管理の最初に行うものだけでなく，定期的なモニタリングも含まれる．
計画の策定	調査結果に基づき，ステークホルダーとともに生態系管理の計画を策定する．モニタリングの結果をふまえて計画を定期的に見直すこともある．
管理作業	草刈りや間伐，魚道設置や防鹿柵の設置など，生態系を保全するための作業を実施する．
人員の確保	管理活動を担う人を募り，円滑に作業できる環境を整える．ボランティアの場合もあれば，有償の場合もある．管理の持続可能性を高めるには管理団体を組織する必要がある．
資金調達	資材の購入や交通費など活動に必要な資金を調達する．行政の補助金や各種助成金の申請や寄付の募集，事業収入や会費徴収など，調達方法は近年多様化している．
広報・普及啓発	生態系管理を行っていることやその場所のもつ生物多様性の価値を広く世間に伝える．管理団体のHPやパンフレットの作成，各種会合への出席などを通じて広報を行う．また自然観察会や活動体験会，写真展や講演会などの普及活動を行う．広報・普及啓発は，人員や資金の調達を円滑に行ううえで重要な事項となる．

　土地所有権をもつ地権者に生態系管理の合意を得ることです．民法で定められる所有権（自由に所有物を使用，収益，処分ができる権利）は土地にも及んでいるため，地権者は生態系管理の重要なステークホルダーです．土地の利用には国土利用計画法などの法律によって制限されているため，それについても確認する必要があります．

　現地調査は，管理の対象となる生態系の現状や変化をとらえるための項目です．現地調査の結果は，計画の策定や見直しに活用されます．

　計画の策定では，現地の生態系の状態だけでなく，環境の変動，地域の特性やステークホルダーの変化，社会の制度や情勢が変わっていくことを想定し，

目標を設定する必要があります．生態系管理を取巻くさまざまな環境の変化が
生じた場合は，モニタリング（経過観察）で検証しながら，当初の計画をその
変化に応じて柔軟に変更していくことが望ましいです．そのような管理のあり
方を**順応的管理**といい，生態系管理の手段として有効とされています．

6・3・5　生態系管理の空間スケール

　生態系管理のあり方は，管理対象となる空間のスケールの大小によって異な
ります．○○山の森林，□□谷の農地環境，△△川の河川敷，ため池など，境
界が認識しやすく場所が特定できるスケールの場合は，その土地と生息する個
体群を保全の対象として管理します．その土地の所有者や地域で活動する市民
団体などが管理の主体となり，さまざまなステークホルダーと協力すること
で，その場所のさまざまな価値を引き出すとともに，管理の持続可能性を高め

森林の下草刈り　　魚道の設置と管理　　ため池のかいぼり

図6・16　サイトマネジメントとエリアマネジメントの概念図

ます（これを**サイトマネジメント**とよびます）（図6・16）.

　より広い空間スケール，たとえば市町村や都道府県などの行政単位や，河川流域，山系など地形などのまとまったエリアでの生態系管理では，そのエリア全体を俯瞰した取組みが求められます．たとえば，**エココリドー**（野生生物が生息地の間を移動できるように配置された緑地などの空間．緑の回廊）やエコトーン（§5・5・2参照）を再生してエリア内で分断された生態系の連続性を回復させたり，エリア内の生物多様性の保全上重要な地点を選定し，その場所のサイトマネジメントの担い手を確保したり，サイト間の交流を促し活動の持続可能性を高めることなどがあげられます．加えて，エリア内の生態系システムが健全な状態で機能するよう，法律や制度を整え，資金を用意し，施策を実行することも求められます（**エリアマネジメント**とよびます）．エリアマネジメントの主たる担い手は行政で，都道府県・市町村は環境基本計画や生物多様性地域戦略を策定して，生態系を保全する施策を展開しています．しかし，行政の力だけではエリアマネジメントは十分に機能しません．エリアマネジメントが有効に機能するためには，そのエリアで活動するさまざまなステークホルダーがマネジメント（エリア全体の生物多様性の保全と活用を効果的にする経営）に参画する仕組みを備える必要があります．近年では環境省が地域循環共生圏を提唱し，エリア内の自然資源を活用しながら自立・分散型の社会を形成するとともに，地域の特性に応じてエリア間で足りない部分を補い合うことで，地域の活力が最大限に発揮されることを目指す取組みの支援を始めています．また，エリアマネジメントとサイトマネジメントが連動して相乗効果を発揮するためには，エリアマネジメントを担う行政とサイトマネジメントを担う他のステークホルダーとの対話を円滑にとりもち，共通の目標に向かって行動できるようそれぞれの主張を調整する役割を担う中間支援組織の存在が求められています．

6・3・6　生態系管理の課題

　前項で示したように，日本では生物多様性の保全と持続可能性の実現のために，さまざまな生態系管理に関する枠組みが整備されていますが，課題は山積しています．

　まず，法に関する問題です．保全に関わる法律が多数整備されてきましたが，

これらの法律は万能ではありません。たとえば，環境影響評価法では環境影響評価（環境の調査と開発行為で生じる影響の分析評価）を行わなければいけない開発規模の大きさが定められていますが，基準の大きさよりも小規模で影響評価の必要のない開発であっても絶滅危惧種の生息・生育地のような重大な悪影響を受ける生態系は多数存在しています。

　次に，絶滅危惧種の保全に関する問題です。個人が写真や動画などの生物観察情報をインターネット上に共有できるようになり，公的機関による生物多様性情報のデータベースの整備が進んだことによって，多くの人がさまざまな情報を参照できるようになりました。それらを活用して，保全対象種の生態を詳しく知ったうえで行動するといったように保全効果の高い生態系管理を各地で実践できる環境が整ってきています。一方で，金銭的価値の高い野生生物の分布情報が公開されたことで乱獲が進み，さらにそれらがインターネット上で売買されるなどの問題が発生しています。

　生態的管理の担い手不足の問題もあります。サイトマネジメントでは，地域で活動する高齢者を中心とした市民団体が主たる担い手となっていることが多いです。日本で生態系管理に関わる市民団体として，森林ボランティアの数を

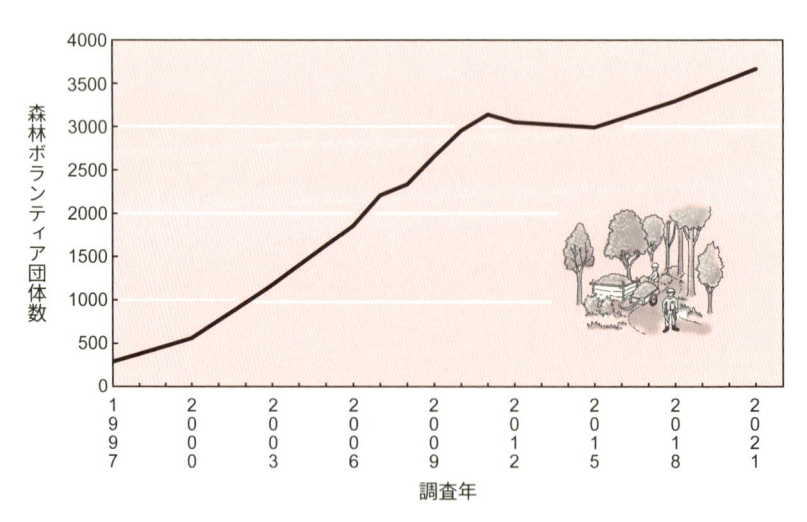

図6・17　日本における森林ボランティア団体数の推移
［林野庁 森林・林業白書をもとに作成］

例にみてみると，環境意識の高まりを受けて 2000 年代からその数は急増していますが，2010 年代はほぼ横ばいの傾向にあります（図 6・17）．原因として，団体の構成員の高齢化や，新規参入者の減少が考えられ，各地で生態系管理の担い手不足が顕在化しつつあります．

　新しい問題として，他の環境問題の解決策が生態系に悪影響を及ぼす事例も起こっています．再生可能エネルギー（風力，太陽光，地熱，水力）の確保は，気候変動対策に不可欠な取組みで，地球規模の生物多様性の保全にも寄与します．しかし，それらの発電施設の建設によって生物多様性の保全上重要な生態系が改変されたり，発電施設の運用が地域個体群の生育生息に悪影響を及ぼしたりする事例が生じています．たとえば，山林を伐採した大規模な太陽光発電施設の建設や，山の尾根部に風力発電施設を建設する際の工事用道路の整備による土地改変は，植生とそれらを利用するさまざまな動物に影響を及ぼします．また風力発電の風車は，鳥類の風車への衝突や，渡りや移動が阻害されるなどの移動障壁，騒音や風車周辺の環境改変による生息地放棄，移動の障壁などの影響が懸念されています．再生可能エネルギーの開発は気候変動対策を進めるうえで急務ではありますが，生物多様性の保全との両立を図る必要があります．

　このような生態系管理を取巻く課題を解決するためにも，環境分野以外のさまざまな分野で活動する人々にも生態学に関する知識にふれてもらうことが大切だと考えられます．

7
生態学×異分野と，
持続可能な社会の形成

　生態学は"生物と環境の関係"および"生物どうしの関係"を扱い，同時に生態系という"場"も扱います．生態系は私たちヒトが暮らす基盤ですから，社会や生活空間を形づくり維持するうえで，生態学の考え方を取入れることはとても重要です．特に近年は，**自然共生社会**や**持続可能な社会**という言葉が示すように，生態系全体のバランスを崩すことなく人間社会を発展させようという考え方が世界的に主流となりつつあります．生態学を学び，生態系を理解することの重要性はますます高まっているのです．

　本書をしめくくる本章では，生態学は私たちの生活に身近なものであること，生態学は異分野と組合わさることで，社会がより面白く，より良いものになる可能性をもつことを紹介したいと思います．まず，私たちの生活と関わりが深い社会的なトピックスから，農林水産業，グリーンインフラストラクチャーを取上げます．意外に思うかもしれませんが，これらには生態学の考え方が深く根差しています．続いて近年世界的に注目されているトピックスからSDGs，地球環境問題，環境政策を取上げます．これらには生態学の貢献が強く期待されています．最後に，生態学と文化が組合わさることで新たな展開を見せている生物文化多様性という考え方を取上げ，生態学とヒトの文化の関わりについてみていきます．

7・1　生態学と農林水産業

　農林水産業は生態系そのものや特定の生物を利用して私たちに必要な"モノ"を手に入れようとする産業で，生態学とは深い関わりがあります．まず，第5章で学んだ物質循環，エネルギー循環の視点から農林水産業をみてみましょう．ヒトの関与がない自然生態系では，物質もエネルギーも食物連鎖を通

じて生態系の中を循環します．物質やエネルギーの状態はさまざまな形に変わりますが，その総量は原則として一定で，バランスがとれた状態を維持しています．しかしこの原則は，交通・輸送が発展し，食料や資材の輸出入が当たり前となっている現代には当てはまりません．生態系内の物質は，生産物・収穫物として生産地の外（生産が行われる生態系の外という意味で，**系外**という言い方をします），それも遠方に持ち出されています．たとえば日本では生乳の約半分が北海道で生産されていますが，消費地は全国に広がっています．北海道に住んでいなくても，近所のスーパーで北海道産の牛乳，バターやヨーグルトなどの乳製品を見かけるのではないでしょうか．

　さて，"生産物・収穫物の持ち出し"を生態学的に考えてみましょう（**図7・1**）．生産地の生態系からは，物質とそこに含まれるエネルギーが失われることになります．一方で，生産物を持ち込まれた生態系，すなわち消費地では物質やエネルギーの量が増加します．現代の農林水産業は，生産地と消費地の生態系における物質循環やエネルギー循環を大きく変えているのです．生産地で農林水産業を維持するには，生態系から失われる物質・エネルギーを何らかの形で補充し続けなければなりません．これが，農業・林業では種子や苗，肥料の投入が必要となる根本的な理由です．水産業においてもしばしば放流といった形で物質・エネルギーの補充が行われています．養殖漁業は，生態学的にみれば農業・林業と同じで，生産品となる魚介類の幼体と，そのエサを投入しています．

　このように，農林水産業を担う生産地は，系外に持ち出される物質・エネルギーを補い，ときには失われた以上の量を投入しながら産業を継続しています．しかし，生態系内の物質・エネルギー循環のバランスをヒトの手で維持することは困難で，しばしば過不足が発生して環境問題をひき起こします．たとえば，農地に過剰に投入された窒素肥料やリン肥料が雨水に溶け，河川や湖沼に流れ込むことで富栄養化が起こります．養殖魚に過剰にエサを与えることで起こる水質の悪化もしばしば問題になりますし，繁殖による資源の回復力を上回るほどの乱獲を行えば，たとえ適切な放流を行っていたとしても，漁獲高は低下します．

　つぎに消費地の側を生態学的にみてみましょう．東京-横浜都市圏は，$1\,\mathrm{km}^2$あたりの人口が4000人を超える世界有数の人口密集地域として知られています．限られた面積の中で，本来の環境収容力（第3章参照）を超えて多くのヒ

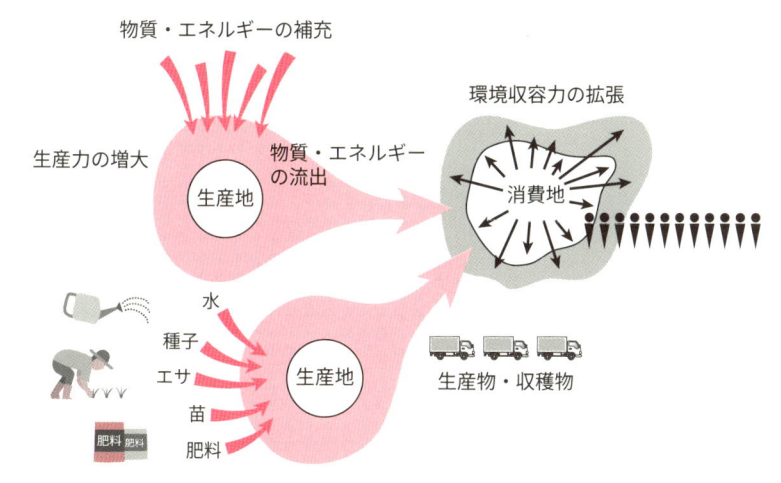

図7・1 現代の物質循環・エネルギー循環は自然生態系と大きく異なる 生産地ではヒトの手によって物質・エネルギーが補充され，生産物として消費地に持ち出される．消費地は生産地から物質・エネルギーが持ち込まれることで環境収容力が拡張され，多数のヒトが生活することができるようになる．ただし，環境収容力が拡張された生態系はいびつな状態になることが多く，安定的な状態とは言い難い．

トが暮らすことができる理由を生態学的に説明すると，外から物質やエネルギーを持ち込むことで，場（生態系）の環境収容力を増やしているといえるでしょう．ただ，残念ながら多くの場合，供給は過剰となっています．消費しきれなかった物質やエネルギー，たとえば食品廃棄物を飼料や肥料にして生産地で再利用することもありますが，消費地から生産地に改めて物質やエネルギーを持ち出すのは効率がよいとはいえません．人口密集地域では，環境収容力が過剰に増やされ，生態系の健全な物質循環が成り立ちにくくなり，循環から外れた物質が溜まっていきます．生態学的にいえば，これが都市のごみ問題の本質です．

　続いて，第4章で学んだ生物間相互作用（生物どうしの関わりあい）という観点から農林水産業をみてみましょう．自然生態系の中では多種多様な生物が，食ったり食われたり，共生関係を築いたりしながら，互いに影響しあって存在しています．生物間相互作用が健全に成り立っている自然生態系では，特定の生物が生態系を占めることはほとんどありません．一方，水田，畑などの農地や，林業におけるスギやヒノキ等の人工林，水産業における養殖場は，ヒ

トが手を加えた半自然生態系（§6・1・4参照）で，ヒトの食べ物や資材になる生物に占められています．生態系の環境収容力には上限がありますから，ある生物が増えれば，他の生物が利用できる資源は減ります．すると多くの場合，生物多様性は低下します．また，一部の生物が生態系内の多くを占めるようになると，それを好んで食う生物が爆発的に数を増やすことがあります．エサが多量に用意されたのですから当然といえば当然です．生産物に被害を与える生物が大発生することは，農地や林地ではよくあることです．ヒトはこのような害をなす生物を**病害虫**とよび，取除こうとします．病害虫という言葉は，あくまでもヒトの都合（産業の都合）からみたもので，特定の生物をさすものではありません．キャベツ畑で発生したモンシロチョウは害虫として駆除されますが，農地から遠く離れた住宅地の庭でひらひら飛ぶモンシロチョウは，駆除されることはなく，「かわいいね」と喜ばれるかもしれません．病害虫という概念自体が，特定の生物を優占させる生態系を人為的に作ることで生まれたものといえます．

　ここで**病害虫対策**について，適応進化（§2・3参照）の観点からみてみましょう．農地のような特定の生物で占められた生態系では，その種を利用したい生物が増えることは原理的に避けられません．現在，病害虫を最も効率的に取除く方法は，殺虫剤や土壌消毒剤といった薬剤を使うことです．しかし，同じ薬剤を使い続けると，病害虫が**薬剤抵抗性**を獲得してしまうことがあります．この現象は，生態学的には薬剤という選択圧に対し，病害虫が適応進化した結果（§2・2参照）といえます．昆虫や微生物は短い時間で世代交代し，増殖力も高いため，進化が速く進みます．このため，それまで有効だった薬剤が，短期間で役に立たなくなることがしばしば起こります．これを避けるための最もシンプルな方法は，使う薬剤の量を減らして，適応進化をもたらす選択圧を緩めることです．しかし，それでは病害虫の数を十分に減らせないかもしれません．病害虫の発生を抑えつつ，耐性が進化しにくくなる対策が必要です．近年は，圃場内にあえて薬剤を使わない場所を作って選択圧を緩める方法や，世代ごとに利用する薬剤を変える方法など，進化生態学の考え方に基づいて病害虫の薬剤抵抗性を抑えるアプローチの重要性が認識されています．

　以上のように，農林水産業を生態学的にとらえると，本質的には自然生態系の物質・エネルギー循環，さらには生物間相互作用のバランスを崩す行為だと

いえるでしょう．そして，自然生態系とは異なる状態でのバランスを維持するために，継続的な人間活動が必要となっているといえます．

　最後に，持続的な農林水産業を実現するために生態学の立場からいえることを考えてみましょう．真に持続的であるためには，生産・消費の現場で，物質・エネルギーが余ったり足りなくなったりせず，自然生態系と同じように循環することが必要です．世界人口が80億人に達し，その過半数が都市で生活している現代において，これは非現実的かもしれません．ですが，化学肥料などを系外から入れたり，作物を遠くの都会へ運んだりといった，ヒトによる物質・エネルギーの流入や流出をできるだけ少なくし，生産物を可能な限り地産地消することは，持続的な農林水産業に向けた答えの一つとなります．生態学の知見を農林水産業の現場において活用していくことは，人間活動と健全な生態系が共存できる，より良い未来の形成につながっていくでしょう．

7・2　生態学とグリーンインフラ

　グリーンインフラ（Green Infrastructure の略）という言葉を聞いたことはありますか．グリーンインフラとは，生態系を社会基盤（インフラストラクチャー）として社会に組込み，そこから得られる生態系サービス（第1章参照）を，人間社会を形づくり維持するために計画的に取込んでいくという考え方です．都市公園の緑地や川沿いの樹林帯などは昔からあるグリーンインフラといえます．グリーンインフラは，『国際自然保護連合（International Union for Conservation of Nature and Natural Resources, IUCN）』が掲げる "自然に基づく社会課題の解決（nature based solution, NbS）" に含まれることも多く，世界的に注目が集まっています．日本でも，『国土形成計画』（国土利用，整備，保全における最も基本的な国の計画）においてグリーンインフラの推進が掲げられており，具体的な取組み事例も蓄積されつつあります．

　グリーンインフラの基本的な考え方は新しいものではありません．たとえば農業は，自然生態系を農作物という特定の生物群が生育しやすい形 "農業生態系"（§6・1・2参照）に改変するものです．農業生態系は食料という供給サービスを得られる社会基盤であり，グリーンインフラの一つといえるでしょう．河川生態系は，飲み水や生活用水という供給サービスを得られるグリーンイン

フラです[*1]. メソポタミア文明もエジプト文明もチグリス・ユーフラテス河やナイル河あってのものでした. 都市生態系はヒトが住みやすいように改変された生態系ですが（§6・1・6参照）, そこには緑地公園や河川敷など, さまざまな半自然生態系があり, 都市に暮らす人々はこれらグリーンインフラを憩いの場や災害時の避難場所として利用しています. グリーンインフラは実のところ, ごく身近なものなのです. 私たちが生きる, この人新世（§6・1参照）は, 人間活動が活発になった結果, グリーンインフラの整備・利用が地球規模で拡大した時代といえるのかもしれません. ただし, 生態系の改変や利用は, いくらでも無制限にできるものではありません. 生態系の持続的な利用を実現するためには, すでにあるグリーンインフラを見直したり, 新しいグリーンインフラを適切に整備したりすることが必要です. その際に生態学は大いに役立つことでしょう.

　日本はこれまで, 道路やトンネル, ダムなどのコンクリートでできた人工工作物, いわゆる**グレーインフラ**の整備に力を入れてきました. たとえばコンクリートの河川堤防は, 洪水の回数を減らし, 被害を小さくしてくれます. ただ, グレーインフラは一つの機能に特化したインフラであるため（図7・2）, 生物

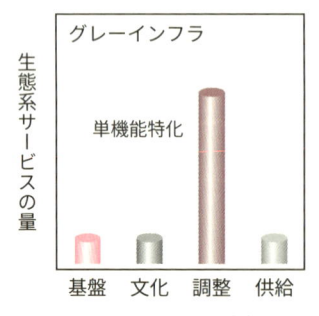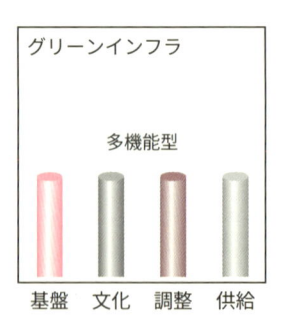

図7・2　グレーインフラとグリーンインフラが供給できる生態系サービスの違い　グレーインフラは単機能だが高い機能を示すのに対し, グリーンインフラは多機能性をもつという特徴がある.

[*1]　河川や水路, 湖, ため池のような水域のことをブルーインフラストラクチャーとして陸域と区別する場合もあるが, 本書においてはグリーンインフラストラクチャーで統一する.

の生息場所（第4章参照）としては向いていません．それに対して，河川の流れがつくり上げた堤防（自然堤防）は，洪水を完全に防いでくれるわけではありませんが，代わりに水域と陸域が接する生態系の移行帯（**エコトーンとよ**ばれます）として，さまざまな生物の生息場所になります．さまざまな生物が生息するエコトーンは，川遊びをする絶好のスポットにもなります．自然堤防は，グリーンインフラとして防災以外の生態系サービスも提供してくれるのです．

ただし，グリーンインフラとグレーインフラは対立するものではありません．グリーンインフラとグレーインフラは異なる特性をもっていますから，それぞれの利点と欠点を理解したうえで，うまく組合わせていくことが望まれます．河川堤防で考えると，大きな洪水が何度も発生する場所には強固なコンクリート堤防をつくり，小規模の洪水がたまにしか発生しない場所では自然堤防を活かすのがよいかもしれません．これまでグレーインフラばかりだったインフラ整備ですが，グリーンインフラという新たな選択肢を得て，持続可能でさまざまな利益をもたらしてくれる社会基盤整備が進むと期待できます．

グリーンインフラは特に**防災インフラ**としての役割が重要視されています．近年の日本では，集中豪雨に伴う洪水が繰返し起こっていることは皆さんも実感しているとおりです．2016年の北海道豪雨，2017年の九州北部豪雨，西日本で大きな被害が発生した2018年7月豪雨，2019年の令和元年東日本台風は激甚災害に指定され，国レベルの支援が必要な規模の被害をもたらしました．大規模な洪水による災害は，いつ身近で発生してもおかしくない状況です．2015年に水防法が改正され，市町村は洪水浸水想定区域や避難場所などの情報をまとめた洪水ハザードマップを作成し，公表するようになりました．自宅周辺のハザードマップを確認した方もいるでしょう．ハザードマップをみると，被害想定区域は想像以上に広い範囲にわたっていると思います．しかし，被害想定区域のすべてを，堤防をはじめとするグレーインフラで覆うことは現実的ではありません．そこで，**生態系を活用した防災・減災**（ecosystem based disaster risk reduction, **Eco-DRR**）という，防災インフラとしてグリーンインフラを活用する考え方が提示されています．たとえば森林が土砂崩れを防ぐ，海岸林が津波の被害を小さくする，湿原が雨水を貯留し洪水を防ぐなど，自然災害を軽減する生態系サービスを防災対策に活用するという考え方です．

日本では2016年に環境省から『生態系を活用した防災・減災に関する考え方』という文書が参考事例とともに公表されています．これは防災・減災にグリーンインフラを活用するという考え方そのもので，国土交通省も同様の考え方を示しています．Eco-DRRの考え方も決して新しいものではなく，たとえば観光名所でもある佐賀県・唐津の"虹の松原"は江戸時代に防風林・防砂林としてつくられたものです．森林や農地がもつ防災機能を発揮させることは，以前から農林水産省の政策にもなっています．

　グリーンインフラの実現に向けた議論は，分野横断的な連携を促進することも期待されています．たとえばEco-DRRの考え方を実際の防災インフラ整備に利用するためには，対象とするグリーンインフラを理解するための生態学的な知見はもちろん，防災機能の評価，既存のグレーインフラとどのように組合わせていくべきかといった，土木工学的な知見も必要となります．法律や社会制度，経済性の評価や政策に向けた議論も必要とされます．実際，すでにグリーンインフラの導入を目指して，生態学者をはじめ，土木工学者，経済学者らが行政官や技術者といった実務者と協働しながら，実現に向けた議論を進めており，その未来には大いに期待がもてます．

7・3　生態学とSDGs

　SDGsという言葉を聞いたことはありますか．これは，Sustainable Development Goals（**持続可能な発展目標**）の略で，2015年9月の国連サミットで加盟国の全会一致で採択された『持続可能な発展のための2030アジェンダ』に記載された国際目標であり，2001年に策定されたミレニアム発展目標（Millennium Development Goals: MDGs）を引き継ぐものです．具体的な目標として，2030年までに持続可能でよりよい世界を目指すことを掲げており，その実現に向けた17のゴール・169のターゲットから構成されています．**持続可能な発展**とは，将来世代のニーズを損なうことなく，現在世代のニーズを満たせる発展を意味しています．sustainable developmentは現在多くの場面で持続可能な開発と訳されていますが，ここで使われるdevelopmentは"すべての人が自然と調和しつつ，健康で生産的な生活を送ること"を意味し，森林伐採等を伴う都市化や，工業的開発などをさすわけではない点に注意して

ください．SDGs を一言で説明するなら，途上国や先進国といった区別なく
"持続可能な発展" の実現に向けた世界中で取組むべき課題を 17 にまとめ上
げたものということになるでしょう．

　図 7・3 は，SDGs の各ゴールが密接に関わりあっていることを示す図で，
ウェディングケーキモデルとよばれます（序章参照）．ゴール 17 を頂点として，
その下に三つの階層，経済圏，社会圏，生物圏をおき，それぞれの階層に各ゴー
ルを配置しています．生物圏は一番下の階層にあり，すべての基盤となってい
ます．生物圏の中には多様な生態系が含まれており，SDGs の達成には，それ

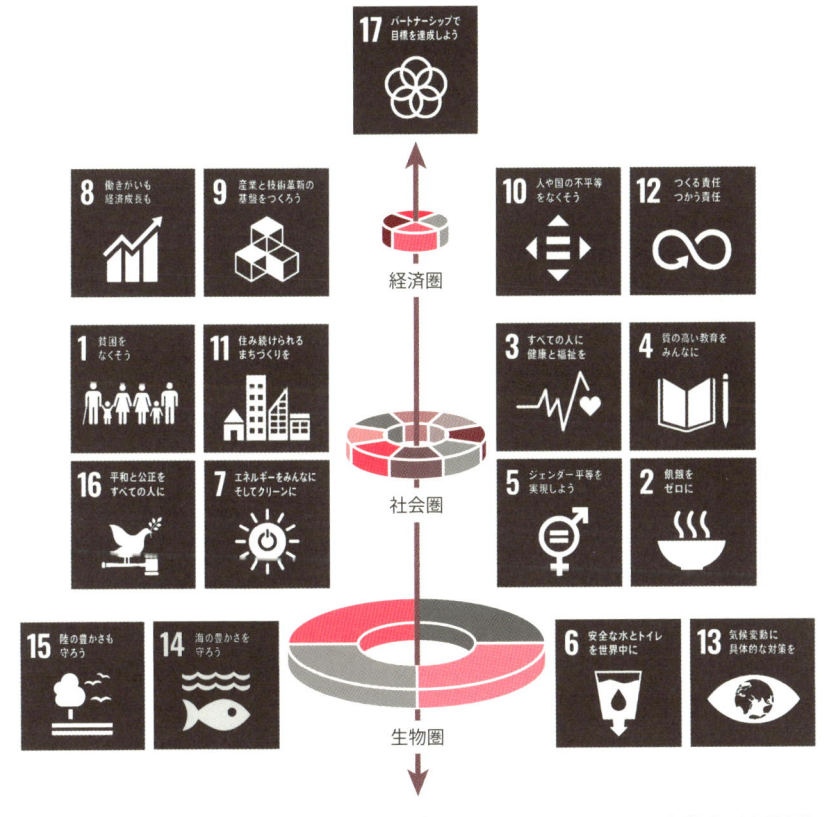

図 7・3　SDGs のウェディングケーキモデル　すべてのゴール間は生態系（生物圏）
を基盤として関係しあっており，特定のゴールのみ達成を目指すことは困難である．

ら生態系が健全であることが不可欠なのです（第1章参照）．

　SDGs の各ゴール，ターゲット，指標等については詳しい資料が多数出ているので，本書では割愛します．強調したいのは，SDGs の各ゴールは独立したものではなく，相互に関係しているという点です．これは，生態学における基本的な考え方である"生態系におけるすべての生物は関係性をもっており，すべての生物が生態系の形成・維持に関わる役割をもつ"という考え方とよく似ています．

　表7・1に17個のゴールを示しました．生態学は自然環境に直接関連しているゴール14（海洋資源），15（陸域資源）の達成にのみ貢献すると考えられがちですが，これは大きな誤りです．人間社会は自然環境と相まって複雑な構造を形づくっており，すべてのゴールが互いに関連します．たとえばゴール6（清潔な水と衛生）の達成は，ゴール14（海洋資源）と密接な関わりをもっています．ゴール7（信頼できるエネルギー）の確保とゴール15（陸域資源）も切り分けることは難しいでしょう．たとえばエネルギーを得るために利用する化石燃料は生物由来ですし，太陽光発電のような再生可能エネルギーを得るため，多くの場合は陸域に施設を建設します．そして，どのゴールを達成するためにも，ゴール17（国際的パートナーシップ）を欠かすことはできません．実際，国連環境計画（United Nations Environment Programme, UNEP）も，他の目標に影響を与えずに一つのゴールを達成することは不可能であると明言しています．メディアや企業PR等で"SDGs のゴール○○に貢献"のような文言を目にすることがありますが，一つのゴールだけに注目して行動すると，影響を受けた他のゴールの達成が遠ざかる可能性があります．このような"あちらを立てればこちらが立たず"というトレードオフの考え方は生態学でよく出会うものです．特定のゴールの達成には他のゴールとの調整が必要であることは意識しておきたいところです．

　SDGs は，国連加盟国の政府だけではなく，個人も含め人類すべてが一丸となって取組むべき目標とされています．その実現に向けた第一歩は，SDGs という言葉を多くの人に知ってもらうことです．最近は政府資料，広告メディアや企業PR等，さまざまな形でSDGs という言葉を目にするようになりました．現在は次のステップとして，SDGs の中身を理解し，実践に移すことが求められる段階にあるといえるでしょう．SDGs はすでに教育現場において，積極的

表7・1 SDGsの17のゴール（和訳は外務省の仮訳を参考に作成）

1 貧困をなくそう	貧困をなくそう あらゆる場所のあらゆる形態の貧困を終わらせる
2 飢餓をゼロに	飢餓をゼロに 飢餓を終わらせ，食料安全保障および栄養改善を実現し，持続可能な農業を促進する
3 すべての人に健康と福祉を	すべての人に健康と福祉を あらゆる年齢のすべての人の健康的な生活を確保し，福祉を促進する
4 質の高い教育をみんなに	質の高い教育をみんなに すべての人に公正な質の高い教育を提供し，生涯学習の機会を促進する
5 ジェンダー平等を実現しよう	ジェンダー平等を実現しよう ジェンダー平等を達成し，すべての女性および女児の能力強化を行う
6 安全な水とトイレを世界中に	安全な水とトイレを世界中に すべての人の水と衛生，その持続可能な利用と管理を確保する
7 エネルギーをみんなにそしてクリーンに	エネルギーをみんなに．そしてクリーンに すべての人の，安価かつ信頼できる持続可能な近代的エネルギーの利用を確保する
8 働きがいも経済成長も	働きがいも経済成長も 持続可能な経済成長および，すべての人の生産的ではたらきがいのある人間らしい雇用を促進する
9 産業と技術革新の基盤をつくろう	産業と技術革新の基盤をつくろう 強靭なインフラ構築，持続可能な産業化の促進およびイノベーションの推進を図る
10 人や国の不平等をなくそう	人や国の不平等をなくそう 各国内および各国間の不平等を是正する
11 住み続けられるまちづくりを	住み続けられるまちづくりを 安全かつ強靭で持続可能な都市および人間居住を実現する
12 つくる責任つかう責任	つくる責任，つかう責任 持続可能な生産消費形態を確保する
13 気候変動に具体的な対策を	気候変動に具体的な対策を 気候変動およびその影響を軽減するための緊急対策を講じる
14 海の豊かさを守ろう	海の豊かさを守ろう 海洋・海洋資源を保全し，持続可能な形で利用する
15 陸の豊かさも守ろう	陸の豊かさも守ろう 陸域生態系の保護，回復，持続可能な利用の促進．持続可能な森林の経営，砂漠化への対処，土地の劣化の阻止・回復．生物多様性損失の阻止
16 平和と公正をすべての人に	平和と公正をすべての人に 平和な社会を促進し，すべての人に司法を提供し，あらゆるレベルにおいて効果的で説明責任のある制度を構築する
17 パートナーシップで目標を達成しよう	パートナーシップで目標を達成しよう 持続可能な開発のための実施手段を強化し，国際的なパートナーシップを活性化する

に取入れられるようになっています．日本では 2024 年現在，小学校，中学校，高等学校それぞれの学習指導要領に“持続可能な社会の構築”という観点が盛り込まれており，この考え方は**持続可能な開発のための教育**（education for sustainable development, **ESD**）とよばれています．ESD は，SDGs のゴール 4（質の高い教育），ターゲット 4.7 に位置付けられるとともに，SDGs における 17 のゴールすべてを実現するために必要不可欠です．生態学を学ぶことは，SDGs の基盤となる生物圏の有り様を知り，ゴール間の関係を理解することに直結します．

7・4　生態学と地球環境問題

身近な環境問題には，夜の騒音やごみの散乱，不快害虫の発生などがあり，数え上げればきりがありません．一方で，地球環境問題とよばれる環境問題は，規模が大きすぎて実感に乏しいのではないでしょうか．しかし，地球環境問題は確実に私たちの生活に影響を及ぼしています．

地球環境問題とは何でしょうか．厳密な定義があるわけではありませんが，一つの定義として，“発生場所や影響の及ぶ範囲が一つの国や地域にとどまらず，人類全体の将来に対する脅威となる地球規模の環境問題”と表現されることがあります．たとえば（1）気候変動，（2）オゾン層の破壊，（3）熱帯雨林の減少，（4）開発途上国の公害，（5）酸性雨，（6）砂漠化，（7）生物多様性の劣化，（8）海洋汚染，（9）有害廃棄物の越境移動などをあげることができます．これらは独立した問題ではなく，互いに関係しています．

プラスチックごみ問題は近年注目を集めるようになった地球環境問題で，特に（8）海洋汚染と（9）有害廃棄物の越境移動に関係します．プラスチックの多くは生態系に放出されてもほとんど分解されません．マイクロプラスチックという語も目にすることが増えていると思います．マイクロプラスチックとは長径 5 mm 未満のプラスチックをいい，歯磨き粉のスクラブなどの元から小さいものと，プラスチックごみが紫外線などの影響で分解されてできるものがあります．このプラスチック小片が海に入り，魚類，甲殻類はじめ，さまざまな生物がエサなどと一緒に食べると，消化も排出もされずに体内に留まってしまいます．これが消化器官などに悪影響を及ぼす可能性が指摘されています．生

態学的な観点からは，**生物濃縮**が起こる可能性も指摘されています．上位捕食者（§5・1参照）は下位の生物を大量に食べるので，排出できない物質は上位捕食者の体にどんどん溜まっていきます．重大な公害病の一つとして知られる水俣病は，こうして魚や貝に濃縮されたメチル水銀がヒトの口に入り，悲劇をひき起こしたものです．マイクロプラスチックが同様の生物濃縮をひき起こすかどうか，ヒトに健康被害をもたらすかどうかはまだ研究段階ですが，可能性は否定できません．生物濃縮の影響は，栄養段階が高い生物ほど強く表れるため，生態ピラミッドの頂点にいるヒトにとってきわめて深刻な問題です．私たちが何の気なしに捨てたプラスチックが，回りまわって自分の体内に蓄積され，健康被害をもたらしているかもしれないのです．

　プラスチックごみ問題に対し，身近なことからできる対応として，日本では2020年7月より小売店におけるプラスチック製レジ袋を有料化しました．この制度をきっかけにマイバッグを持つようになった方も多いのではないでしょうか．いろいろ批判はあるものの，地球環境問題に対して身近なことから取組める社会的な仕組みをつくることには意義があるでしょう[*2]．

　地球環境問題は，基本的に人間活動が生態系に負荷をかけすぎた結果として起こっています．この人間活動の生態系へ与える負荷を測る指標の一つに，**エコロジカル・フットプリント**（ecological footprint）があります．エコロジカル・フットプリントは，ヒトが求める生態系サービスの需要量を示そうとするものです．たとえばヒト1人が1年間暮らしていくためには，食料を生産する耕作地がこのくらい必要，木材をもたらす森林はこのくらい必要，ゴミを捨てるための土地はこのくらい必要，というように，それぞれの生態系サービスに必要な土地の面積を考え，その合計面積として算出されます．当然ですが，大量の廃棄物を出す生活をしていれば必要な面積は大きくなりますし，輸入などが少ない地産地消の生活をしていれば小さくなります．一方で，地球上の生態系全体が供給できる生態系サービスの総量を**バイオキャパシティ**（biocapacity）とよび，エコロジカル・フットプリントと同様に面積で示します．エコロジカ

[*2]　2024年時点で，プラスチック製レジ袋のうち，厚さが50マイクロメートル以上のものは繰返し使えることから，海洋生分解性プラスチック100%のものは生態系内で分解されることから，バイオマス素材の配合率が25%以上の素材で作られたプラスチック製レジ袋は地球温暖化対策に寄与すると考えられることから，それぞれ有料化の対象になっていない．

ル・フットプリントもバイオキャパシティも世界全体，ある国，1人あたりの面積として計算することができます．現在のエコロジカル・フットプリントはバイオキャパシティ，つまり地球の許容量の 1.7 倍に達しているという試算もあり，人間活動が生態系に与える負荷はすでに過剰であると考えられています．

　地球環境問題における二大巨頭は"気候変動"と"生物多様性の劣化"です（第6章参照）．気候変動をひき起こす温室効果ガスは産業革命（おおむね 1750 年頃と考えられています）以降に急激に増加し，現在の大気中の CO_2 濃度は当時と比べて 40% 以上増加しています．産業革命とは，石炭や石油といった化石燃料の活用に伴う産業の工業化，機械化のことで，これらによって人間社会は大きな変貌を遂げました．その一方で，産業廃棄物の増加や環境中への化学物質の放出による公害やオゾン層の破壊，酸性雨などの地球環境問題も生じさせました．産業革命以降，世界中で人口が急増し，農地開発が進みました．このことは，熱帯雨林の減少や砂漠化をひき起こし，CO_2 の吸収源を喪失しただけでなく，生物多様性の大きな損失もまねきました．このように気候変動と生物多様性の劣化は，コインの表と裏のように切り離すことができない強い関係性をもっており，個別的ではなく総合的に考えていく必要があると考えられています．

　これらの地球環境問題に対応するため，『気候変動に関する政府間パネル（Intergovernmental Panel on Climate Change, **IPCC**)』と『生物多様性及び生態系サービスに関する政府間科学政策プラットフォーム（Intergovernmental Science-Policy Platform on Biodiversity and Ecosystem Services, **IPBES**)』という国際組織が，気候変動や生物多様性の問題について政策立案のための科学的な知見を集約し提供しています．IPCC・IPBES において，生態学の果たす役割は大きく，実際，国内外の多くの生態学者が両組織に参加し，科学的な知見の提供，収集，整理に関わっています．

7・5　生態学と環境政策

　ここまで，農林水産業，グリーンインフラを事例に，生態学の考え方はもともと私たちが生きる社会を支えていること，SDGs や地球環境問題のような世界規模の課題にも深く関わっていることを述べてきました．特に SDGs や地球

環境問題のような規模が大きすぎて実感が乏しい課題の解決に向けては，§7・3で述べたとおり，言葉を広く普及させ，さらに具体的な取組みとして実践していく必要があります．その方策として，考え方やキーワードを政策に取入れ，理念と実践方法を，法律をはじめとする社会的なルールにしていくことが重要です．

近年，政策の立案は合理的根拠（エビデンス）に基づくべきとする考え方，"証拠に基づく政策立案（evidence-based policy making, EBPM）"が広がりつつあります．日本でも，2024年時点で内閣府が推進チームを構築し，さまざまな取組みを行っています．政策立案における科学の役割は，客観的な視点から政策の妥当性を検証し，定量的に評価することです．科学はその専門分野に立脚した科学的根拠を提供することで，政策の立案や法整備等，社会ルール作りに貢献できます（図7・4）．

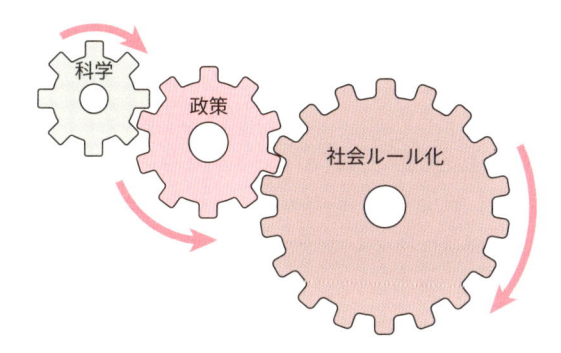

図7・4 科学的知見は社会を動かすパーツの一つである 科学は政策に対して合理的根拠（エビデンス）を提供し，その結果として社会ルールが策定されたり，施行されたりすることがある．

生態学は，特に生物多様性に関する政策に強く関わっています．たとえば国における生物多様性の保全と持続的な利用に関する計画である『生物多様性国家戦略』では，国内の生物多様性の減少要因を四つの危機（§6・2・3参照）としてまとめていますが，この検討には生態学の知見が必須でした．なかでも第二の危機（人間の自然に対する働きかけの縮小による危機）は，農業などの人間活動により維持されてきた里地里山をはじめとする半自然環境がさまざまな生物の生息地を提供してきたこと，社会構造の変化により，人間活動が

原因の攪乱が減った結果，それに適応してきた生物が減少していることを指摘
したもので，世界的には見過ごされてきた減少要因です．また，第三の危機
（人間により持ち込まれたものによる危機）としておもに外来生物問題があり
ます．外来生物のうち，生態系あるいは人間に直接的に被害をもたらすものを
侵略的外来生物とよびますが（Box 6・1参照），特に著しい被害をもたらすもの
については，『外来生物法』（特定外来生物による生態系等に係る被害の防止に
関する法律）をつくって**特定外来生物**として指定し，強い規制をかけていま
す．侵略的外来生物のなかから特定外来生物を選ぶ際のエビデンスの一つとし
て，生態学の研究によって明らかになった，生態系への影響に関する知見が活
用されています．

 ## 7・6　生態学と文化，生物文化多様性

　最後に，生態学と文化の関係を紹介したいと思います．ヒトは，熱帯から極
地方まで地球上のきわめて広い範囲，さまざまな生態系で生活しており，住む
場所や所属する社会に応じて独自の文化を形成しています．生態系は，文化形
成に強く影響しています．たとえばヒトは，里地里山をはじめとするさまざま
な半自然生態系（§6・1・4参照）を生みだしてきました．これはヒトが生活し
やすくするために生態系をつくり変える文化をもつようになったと言い換えて
もいいかもしれません．風が強い地域では防風林が設けられ，雨が少ない地域
ではため池や水路が多くつくられています．このようにヒトは地域の特徴に応
じて多様な形で生態系に手を加え，地域の文化を形成しています．各地の伝統
的な食材や調理法といった食文化も，生態系と深い関わりをもっています．た
とえば正月に食べるお雑煮は，岩手では山菜やくるみのたれを使い，広島では
名物である牡蠣が入るといったように，味付けや具に地域性があります．地域
特有の具には地域の名物，言い換えると地域の生態系サービス（§1・4参照）
が使われることが多いのです．このように人間活動と生態系が相互に影響し
あって多様な文化が形成されることを，**生物文化多様性**とよびます．ヒトは生
態系に対してさまざまな働きかけをしてきましたが（第6章参照），逆に生態系
もヒトの思考や行動に大きく影響し，ヒトの集団が地域ごとに独自の文化を形
成することにつながっています．ヒトが多種多様な文化を形成してきた背景に

は，地球上に多種多様な生態系が存在していること，つまり生物多様性の存在があるのです．

　生物文化多様性は，私たちの身近なところに存在し，私たちの生活を豊かなものにしてくれています．たとえば観光は，生物文化多様性によって支えられる産業であり，文化であるといえます．日本は2008年に設置された観光庁を中心に“観光立国”を目指し，さまざまな取組みを行っています．観光というと，余暇における楽しみのための旅行をイメージするかもしれませんが，国連世界観光機関（The World Tourism Organization, UN Tourism, UNWTO）は，観光を“個人やビジネス等の目的で，ふだんの生活環境の外への移動を伴う社会的，文化的，経済的な現象”と定義しています．観光には，いわゆるレジャーだけではなく，ふだんの生活環境，言い換えると“ふだん生活する生態系”の外に出るという行動も含まれるのです．現在のヒトは，自身が生活する生態系の外にある場所を，食料を手に入れるなど生命を維持する目的とは別に訪れる文化をもっていると言ってもよいでしょう．そしてこの文化は，さまざまな生態系が存在しているからこそ生じたものです．もし生態系の均質化が進み，そ

図7・5　異なる生態系を訪れる　観光にはさまざまな目的があり，その目的となる観光資源も多様であるが，その本質は生態系と人間の相互作用であるといえる．

Box 7・1
私にもできる生物多様性保全

　生物多様性の喪失の危機は，私たちのライフスタイルとつながっています．この危機を回避するには，以下に示すような行動の積み重ねが必要です．日常生活で実践できるものも多いので，一つでも取組んでみてください．

【知る・ふれる】　知識や経験は行動を起こす手助けとなります．生物多様性に関する話題を，新聞やテレビ，WEB などのメディアで見聞きしたり，関連書籍を読むなど，生物多様性の情報にふれる機会を増やしてみましょう．家の周りを歩いてどんな生き物と出会えるか確かめたり，博物館や野外センターに足を運んだりするのも，生物多様性を知ることにつながります．なにより，この本を読んでいるあなたはすでにその一歩を踏み出しているといえるでしょう．

【伝える】　あなたが生物多様性についての知識や経験を家族や友人，知り合いに伝えれば，社会の生物多様性の理解を少しずつ広げることになります．ふだんの生活で出会った生き物や自然の風景，季節の変化などの何気ない経験や，メディアや書籍などから得た知識を SNS などで発信するのも一つの方法です．

【選　ぶ】　あなたの人生が毎日の選択の積み重ねで成り立っているように，社会は多くの人々の選択によって形づくられています．近い産地の農産物を味わったり（地産地消），環境に配慮した製品や生物多様性の保全に積極的な企業の製品・サービスを選んだり，生物多様性に関する社会課題を解決しようとする政治家に投票したりすることが，生物多様性の保全と持続可能な未来の社会をつくることにつながります．環境に配慮した製品を見分けるには**エコラベル**を参考にするのも一つの方法です．企業の環境の取組みは各社 HP にある CSR（corporate social responsibility，企業の社会的責任）レポートで公表されています．政治家の議会での発言は，国会や地方議会の HP で公表される議事録で確かめることができます．

【参加する】　実際に生態系管理の作業に参加してみましょう．あなたが興味をもっている場所や地域で行われているものや，調査活動や草刈り，間伐作業，植樹作業など興味のある参加しやすいものに挑戦してみましょう．家族や友人を誘って参加すれば，より大きな力になります．

いろいろなエコラベル

の多様性が失われれば（§6・2参照），観光という産業，そして文化そのものが失われてしまうと言っても過言ではありません．観光学の分野においては，観光資源，すなわち観光の目的になりうる対象物を自然資源と文化資源に大別することがよくありますが，文化は生態系（自然）とヒトが相互に影響しあうことで形成されると考えると，両者の境界はきわめてあいまいです．すべての観光資源は地域の生態系に支えられているとみることもできます（図7・5）．観光の本質とは，ヒトと生態系の相互作用そのものと言ってもよいのかもしれません．

 ## お わ り に

　本章では，農林水産業，グリーンインフラ，SDGs，地球環境問題，環境政策，文化という一見それぞれ何の関係もなさそうなトピックと生態学が深い関わりをもっていること，これらとの組合わせにより，社会がさらに発展していく可能性について述べてきました．生態学に限らない話ですが，異分野と組合わさることによって，その分野は新しい視点を得ることができ，それは組合わさった双方の発展につながります．異分野×生態学の組合わせは，未来をより豊かで，面白く，そして希望に満ちたものに変えていく可能性を秘めています．ぜひ生態学に親しみ，異分野と組合わせ，私たちの社会，そして世界の未来をより面白く，より明るいものにしましょう．

索　　引

執　筆　者

序　章　宮下　直（東京大学大学院農学生命科学研究科）/**編集委員会**

第1章　畑田　彩（京都外国語大学共通教育機構）/**小林　誠**（十日町市立里山科学館「森の学校」キョロロ）

第2章　中井咲織（元立命館宇治中学校・高等学校）/**嶋田正和**（元東京大学大学院総合文化研究科）

第3章　中田兼介（京都女子大学現代社会学部）/**平山大輔**（三重大学教育学部）

第4章　§4・1〜4・4　三宅　崇（岐阜大学教育学部）/**佐賀達矢**（神戸大学大学院人間発達環境学研究科）

　　　　§4・5〜4・7　北村俊平（石川県立大学生物資源環境学部）/**正木　隆**（森林研究・整備機構森林総合研究所）

第5章　§5・1〜5・4　吉田丈人（東京大学大学院農学生命科学研究科）/**宮田理恵**（北海道立総合研究機構林業試験場）

　　　　§5・5　西脇亜也（宮崎大学農学部）/**佐賀達矢**

第6章　§6・1　丑丸敦史（神戸大学大学院人間発達環境学研究科）/**曽我昌史**（東京大学大学院農学生命科学研究科）

　　　　§6・2〜6・3　橋本佳延（兵庫県立人と自然の博物館）/**畑田　彩**

第7章　大澤剛士（東京都立大学大学院都市環境科学研究科）/**丑丸敦史**

（敬称略）

図版制作：小堀文彦

第1版 第1刷 2025年3月25日発行

未来を生きるすべての人の
教 養 の 生 態 学

Ⓒ 2 0 2 5

	日 本 生 態 学 会	
	畑 田	彩
編 集	佐 賀 達 矢	
	丑 丸 敦 史	
	中 田 兼 介	
発 行 者	石 田 勝 彦	

発　行　株式会社東京化学同人
東京都文京区千石3丁目36-7(〒112-0011)
電 話 03-3946-5311・FAX 03-3946-5317
URL: https://www.tkd-pbl.com/

印刷・製本　新日本印刷株式会社